基于知识蒸馏的图像去雾技术

崔智高 兰云伟 苏延召 王 念 著

国防工业出版社

·北京·

内 容 简 介

图像去雾技术能够将真实场景下受雾霾天气影响的降质图像进行恢复，从而使其更好地应用于目标检测、语义分割、行人重识别等高级视觉任务，具有重要的研究意义和应用前景。本书创新地将知识蒸馏理论应用于图像去雾领域，有效解决了图像去雾过程中存在的去雾图像颜色失真严重、训练模型网络结构复杂、去雾模型泛化能力不足、真实场景去雾性能较差等问题。本书主要内容包括雾天图像形成机理（第1章）、图像去雾相关技术（第2章）、知识蒸馏基础理论（第3章）以及基于知识蒸馏的图像去雾算法等（第4~8章），系统介绍了相关方法的研究背景、理论基础和算法描述，并给出了相应的实验结果。本书是计算机图像处理方面的专著，反映了作者近年来在这一领域的主要研究成果。

本书内容新颖、结构清晰、语言简练，可作为大专院校及科研院所模式识别、图像处理和机器视觉等领域的高年级本科生、研究生的教材和参考书，也可作为相关领域的教师、科研人员以及从事图像恢复、图像增强的工程技术人员的参考书。

图书在版编目（CIP）数据

基于知识蒸馏的图像去雾技术 / 崔智高等著.
北京：国防工业出版社，2024.10. -- ISBN 978-7-118-13480-3

Ⅰ. TP391.413

中国国家版本馆 CIP 数据核字第 2024Q8B51 号

※

国防工业出版社出版发行
（北京市海淀区紫竹院南路23号　邮政编码100048）
天津嘉恒印务有限公司印刷
新华书店经售

*

开本 710×1000　1/16　印张 7½　字数 129 千字
2024年10月第1版第1次印刷　印数 1—2000 册　定价 88.00 元

（本书如有印装错误，我社负责调换）

国防书店：（010）88540777　　书店传真：（010）88540776
发行业务：（010）88540717　　发行传真：（010）88540762

前　言

随着计算机、网络通信等技术的发展，人类社会逐步步入智能时代，基于计算机视觉的智能视频监控系统通过对场景的分析与理解，正大规模应用于安防系统、城市管理、自动驾驶等领域，然而受到恶劣环境如雾霾、沙尘等因素的影响，上述智能视频监控系统中视觉传感器采集的图像质量明显退化，出现了对比度低、颜色失真、画面模糊等降质现象，严重影响了语义分割、目标检测、行为分析等高级视觉任务的准确性。在各种恶劣环境中，雾霾是影响最大的天气现象，极易出现在含湿量较大的雨季和蓄水能力强的山地地区，在雾霾天气下，空气中的悬浮粒子对光线传播产生折射和散射作用，使视觉传感器采集的图像偏灰白色，同时物体特征也难以辨认。为此，在现有视觉传感器的基础上，如何利用计算机视觉、机器学习等技术手段实现雾霾条件下图像质量的增强处理，从而提升摄像机的抗干扰能力和在高级视觉任务中的智能化应用效果，具有重要的研究意义和广阔的应用前景。

当前利用深度神经网络生成去雾图像已经成为图像去雾领域的主要研究方向，然而由于深度学习的不可解释性以及去雾场景的复杂性，单纯通过改进网络结构或片面增加训练数据来提高图像去雾效果，将会导致计算复杂性和计算资源大幅增加，且纯数据驱动的图像去雾模型泛化能力较差，导致在真实场景有雾图像中的去雾能力不足。与此同时，知识蒸馏作为当前深度学习领域一个新兴的研究热点，通过模型压缩、模型增强等方式，已在图像超分辨率重构、图像识别等计算机视觉领域取得了显著成就。

基于上述分析，本书创新地将知识蒸馏技术应用于图像去雾领域，有效解决了图像去雾过程中存在的去雾图像颜色失真严重、训练模型网络结构复杂、去雾模型泛化能力不足、真实场景去雾性能较差等问题。

全书共分为 8 章，主要内容包括两个部分。第 1 章绪论，主要介绍图像处理技术以及雾天图像的形成机理；第一部分为图像去雾技术的研究现状（第 2 章）以及知识蒸馏基本理论（第 3 章）；第二部分为基于知识蒸馏的图像去雾相关算法，分别介绍基于多教师引导的知识蒸馏图像去雾算法（第 4 章）、基于多先验引导的知识蒸馏图像去雾算法（第 5 章）、基于物理模型引导的自蒸馏图像去雾算法（第6章）、基于在线知识蒸馏的图像去雾算法（第7章）以及基于半监督的知识蒸馏图像去雾算法（第8章）。

  本书由崔智高拟订全书的大纲，撰写第6~8章，并对全书进行统稿、修改和定稿；由兰云伟执笔第2、3章，苏延召执笔第1章和第4章，王念执笔第5章。本书在著述过程中得到了火箭军工程大学机关、机电教研室的支持和帮助，在此一并表示感谢。

  图像去雾技术作为计算机视觉中的一个经典问题，受到广泛关注且技术更新较快，加之作者水平有限，本书难免存在不妥之处，谨请读者指正。

作 者

2024年9月于西安

目　　录

第1章　绪论 ·· 1

1.1　图像处理技术 ·· 1
1.1.1　数字图像处理对象 ··· 2
1.1.2　数字图像处理技术 ··· 4
1.2　雾的形成机理 ·· 6
1.3　雾天图像退化模型 ··· 7
1.3.1　入射光衰减模型 ·· 8
1.3.2　大气光成像模型 ·· 8
1.3.3　雾天图像退化模型 ··· 10
1.4　本书内容安排 ·· 10
参考文献 ··· 13

第2章　图像去雾技术 ··· 16

2.1　图像去雾研究现状 ··· 16
2.1.1　基于图像增强的去雾算法 ·· 16
2.1.2　基于图像复原的去雾算法 ·· 17
2.1.3　基于深度学习的去雾算法 ·· 19
2.2　图像去雾主要数据集 ·· 21
2.2.1　RESIDE 数据集 ·· 21
2.2.2　HazeRD 数据集 ·· 22
2.2.3　D-HAZY 数据集 ··· 22
2.2.4　I-HAZE 和 O-HAZE 数据集 ·· 23
2.2.5　URHI 数据集 ··· 24
2.2.6　FHAZE 数据集 ··· 25
2.3　评价指标 ·· 25

2.3.1 主观综合评价 ························· 25
2.3.2 客观综合评价 ························· 25
参考文献 ································· 26

第3章 知识蒸馏基本理论 ························· 30

3.1 知识蒸馏的起源 ························· 30
3.2 知识的形式 ························· 32
    3.2.1 输出特征知识 ························· 32
    3.2.2 中间特征知识 ························· 33
    3.2.3 关系特征知识 ························· 34
    3.2.4 结构特征知识 ························· 35
3.3 知识蒸馏的方式 ························· 37
    3.3.1 离线蒸馏 ························· 37
    3.3.2 在线蒸馏 ························· 38
    3.3.3 自蒸馏 ························· 39
3.4 知识蒸馏的应用 ························· 39
    3.4.1 模型压缩 ························· 40
    3.4.2 模型增强 ························· 41
参考文献 ································· 41

第4章 基于多教师引导的知识蒸馏图像去雾算法 ························· 46

4.1 引言 ························· 46
4.2 基于多教师引导的知识蒸馏图像去雾网络 ························· 48
    4.2.1 教师网络 ························· 48
    4.2.2 学生网络 ························· 48
    4.2.3 蒸馏方式 ························· 53
4.3 损失函数设计 ························· 54
4.4 实验设置与结果分析 ························· 56
    4.4.1 实验设置 ························· 56
    4.4.2 结果分析 ························· 56
4.5 本章小结 ························· 60
参考文献 ································· 60

第5章 基于多先验引导的知识蒸馏图像去雾算法 ·················· 63

- 5.1 引言 ·················· 63
- 5.2 基于多先验引导的知识蒸馏图像去雾网络 ·················· 63
  - 5.2.1 教师网络 ·················· 64
  - 5.2.2 学生网络 ·················· 66
- 5.3 损失函数设计 ·················· 67
  - 5.3.1 L1 损失 ·················· 67
  - 5.3.2 感知损失 ·················· 67
  - 5.3.3 蒸馏损失 ·················· 67
- 5.4 实验设置与结果分析 ·················· 68
  - 5.4.1 实验设置 ·················· 68
  - 5.4.2 结果分析 ·················· 68
- 5.5 本章小结 ·················· 71
- 参考文献 ·················· 72

第6章 基于物理模型引导的自蒸馏图像去雾算法 ·················· 74

- 6.1 引言 ·················· 74
- 6.2 基于物理模型引导的自蒸馏图像去雾网络 ·················· 76
  - 6.2.1 深度特征提取网络 ·················· 76
  - 6.2.2 预退出分支网络 ·················· 77
  - 6.2.3 前向预测 ·················· 79
  - 6.2.4 自蒸馏 ·················· 79
- 6.3 损失函数设计 ·················· 80
- 6.4 实验设置与结果分析 ·················· 80
  - 6.4.1 实验设置 ·················· 80
  - 6.4.2 结果分析 ·················· 81
- 6.5 本章小结 ·················· 84
- 参考文献 ·················· 85

第7章 基于在线知识蒸馏的图像去雾算法 ·················· 87

- 7.1 引言 ·················· 87

 7.2 基于在线知识蒸馏的图像去雾网络 ·· 89
  7.2.1 特征共享网络 ·· 89
  7.2.2 在线蒸馏网络 ·· 91
 7.3 损失函数设计 ··· 92
 7.4 实验设置与结果分析 ··· 93
  7.4.1 实验设置 ··· 93
  7.4.2 结果分析 ··· 93
 7.5 本章小结 ·· 97
 参考文献 ·· 98

第 8 章　基于半监督的知识蒸馏图像去雾算法 ························· 100
 8.1 引言 ··· 100
 8.2 基于半监督的知识蒸馏图像去雾网络 ································ 102
  8.2.1 监督学习分支 ·· 102
  8.2.2 无监督学习分支 ··· 104
  8.2.3 半监督学习训练 ··· 104
 8.3 损失函数设计 ··· 106
 8.4 实验设置与结果分析 ··· 106
  8.4.1 实验设置 ··· 106
  8.4.2 结果分析 ··· 106
 8.5 本章小结 ·· 110
 参考文献 ··· 110

第 1 章 绪 论

1.1 图像处理技术

在信息化时代的今天,海量的数据和信息资源已成为人类社会进行交流的主要媒介,然而随着计算机、网络通信等技术的深入发展,图像作为人类感知世界的视觉基础,走向了舞台的中央,日益成为人类获取信息、表达信息和传递信息的主要手段。通常情况下,我们所熟知的图像主要可分为模拟图像和数字图像[1]两类,其中:模拟图像是指通过某种连续变化的物理量(如光、电等)的强弱变化来记录场景亮度信息的图像,如纸质照片、显示器显示的图像等;而数字图像又称数码图像或数位图像,它是二维图像用有限数字数值像素的表示,通常是一个离散采样点的集合,每个点具有各自的属性。此外,数字图像也指用一个数字阵列来表达客观物体的图像,它把连续的模拟图像离散化成规则网格,并用计算机以数字的方式记录图像上各网格点的亮度信息。

图像处理[2-3]是指对图像进行加工处理,以满足人的视觉心理和实际应用需求。同样,图像处理按照对象可分为模拟图像处理和数字图像处理,其中:模拟图像处理(Analog Image Processing,AIP)包括光学处理和电子处理,光学处理如利用透镜等,而电子处理如照相、遥感图像处理、电视信号处理等,通常模拟图像处理一般为实时处理,该种方式的处理速度快,在理论上可达到光速,并可同时并行处理,该领域最为经典的例子为电视图像处理,它处理的是 25 帧/秒的活动图像,但是模拟图像处理有很明显的弊端,那就精度较差、灵活性差,很难有判断能力和非线性处理能力;数字图像处理(Digital Image Processing,DIP)一般采用计算或实时的硬件进行处理,故又称计算机图像处理(Computer Image Processing,CIP),其特点是处理精度高、处理内容丰富,可进行复杂的非线性处理,同时随着计算机技术的飞速发展和普及,数字处理图像不仅有了灵活的变通能力,可以帮助人们更客观、准确地认识世界,处理速度也大大提高,已经普遍应用于人们的实际生活中。

1.1.1 数字图像处理对象

数字图像处理因具有突出的非线性处理能力，处理对象较为广泛。按图像颜色和灰度的多少可以大致将其划分为四类：二值图像、灰度图像、索引图像和真彩色 RGB 图像。

1. 二值图像

二值图像是指所有像素点均为黑色或白色的图像。二值图像一般用来描述字符图像，其优点是占用空间少，大名鼎鼎的 MINST 手写数据集便是如此。MINST 数据集是由 0~9 的手写数字图片和数字标签所组成的，包括 60000 个训练样本和 10000 个测试样本，每个样本都是一张 28×28 像素的手写数字图片，图 1-1 给出了 MINST 数据集的示例。尽管二值图像占用空间少，但其简单的表示也注定其仅能展示边缘信息，导致表示人物、风景的图像时，图像内部的纹理特征表现不明显，会导致信息丢失，此时需要使用纹理特征更为丰富的灰度图像。

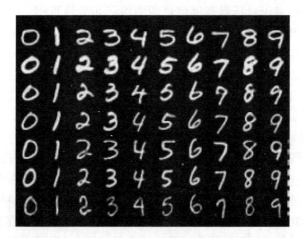

图 1-1　MINST 数据集示例

2. 灰度图像

灰度图像矩阵元素的取值范围通常为 [0, 255]，其数据类型一般为 8 位无符号整数（int8）。在灰度图像的像素值表示中，"0"表示纯黑色，"255"表示纯白色，中间的数字从小到大表示由黑到白的过渡色。相比于二值图像，灰度图像有了灰度颜色的变化，但依然没有色彩的变化，故灰度图像又称二值图像的进化版、彩色图像的退化版。灰度图像的单一通道可理解为单一波长的电磁波，为此在红外遥感、X 断层成像等应用中，为了便于采集和传输，研究人员人为地将单一通道电磁波产生的图像都转变为灰度图。此外，在计算机图像处理中，为了描述场景的三维结构，研究人员将每个像素点距离相机的距离信息以灰度图的形式进行储存并表示，如图 1-2 所示，该灰度图又称深度图，已广泛应用于三维视觉以及目标跟踪等视觉任务中。

图 1-2　图像及其深度图表示

3. 索引图像

索引图像包括存放图像的二维矩阵和一个称为颜色索引矩阵 **MAP** 的二维数组。**MAP** 的大小由存放图像的矩阵元素值域决定，如矩阵元素值域为 [0，255]，则 **MAP** 矩阵的大小为 256×3，用 **MAP** = [RGB] 表示。**MAP** 中每一行的三个元素分别指定该行对应颜色的红、绿、蓝单色值，**MAP** 中每一行对应图像矩阵像素的一个灰度值，如某一像素的灰度值为 64，则该像素就与 **MAP** 中的第 64 行建立了映射关系，该像素在屏幕上的实际颜色由第 64 行的 [RGB] 组合决定，即图像在屏幕上显示时，每一像素的颜色由存放在矩阵中该像素的灰度值作为索引，通过检索颜色索引矩阵 **MAP** 得到。索引图像的数据类型一般为 8 位无符号整形（int8），相应索引矩阵 **MAP** 的大小为 256×3，故一般索引图像只能同时显示 256 种颜色，但通过改变索引矩阵，颜色的类型可以调整。索引图像的数据类型也可采用双精度浮点型（double）。索引图像一般用于存放色彩要求比较简单的图像，如 Windows 中色彩构成比较简单的壁纸多采用索引图像存放，如果图像的色彩比较复杂，就要用到 RGB 真彩色图像。

4. 真彩色 RGB 图像

RGB 图像与索引图像一样都可以用来表示彩色图像，与索引图像相同，它用红（R）、绿（G）、蓝（B）三原色的组合来表示每个像素的颜色，但与索引图像不同的是，RGB 图像每一个像素的颜色值（由 R、G、B 三原色表示）均直接存放在图像矩阵中，每一像素的颜色均由 R、G、B 三个分量来表示，M、N 分别表示图像的行数和列数，三个二维矩阵分别表示各个像素的 R、G、B 三个颜色分量。RGB 图像的数据类型一般为 8 位无符号整形，通常用于表示和存放真彩色图像，当然也可以存放灰度图像。在日常生活中，我们所见到的图像均为 RGB 真彩色图像，其直接对应人眼感知的颜色，易于实现和控制，其缺点是对场景的光照和颜色变化较敏感，不适用于一些需要保持颜色稳定性的应用场景。

1.1.2 数字图像处理技术

数字图像处理技术是用计算机对图像信息进行处理的技术，按其目的主要可划分为图像变换、图像增强和复原、图像数据编码、图像识别和分割等。

1. 图像变换

为了有效和快速地对图像进行处理和分析，需要将定义在原图像空间的图像以某种形式转换到另外的空间，利用空间的特有性质进行有效的加工和提取，最后转换回图像空间以得到所需的效果，该种图像处理技术称为图像变换[4]。图像变换是许多图像处理和分析技术的基础，其包括从图像空间向其他空间的正变换以及从其他空间向图像空间的逆变换。

图像变换可分为空域变换等维度算法、空域变换变维度算法、值域变换等维度算法和值域变换变维度算法四类，其中空域变换主要指图像在几何上的变换，而值域变换主要指图像在像素值上的变换。此外，等维度变换是指在相同的维度空间中；而变维度变换是指在不同的维度空间中，例如二维到三维、灰度空间到彩色空间等。图像变换有许多经典的应用，如傅里叶变换[5-7]、沃尔什变换[8-10]、离散余弦变换[11-13]等处理技术，将空间域的处理转换为变换域进行处理。

2. 图像增强和复原

在自然条件下获取的图像，往往因为天气条件、拍摄环境等使其质量严重降低，从而影响后续对图像的分析和处理，为此在对图像进行分析之前，必须对图像质量进行改善，一般情况下改善的方法有两类：图像增强[4]和图像复原。

图像增强不考虑图像质量下降的原因，只将图像中感兴趣的特征有选择地突出，而衰减不需要的特征，其主要目的是提高图像的可懂度。图像增强的方法分为空域法和频域法两类。其中空域法主要是对图像中的各个像素点进行操作；而频域法是在图像的某个变换域内对图像进行操作，例如傅里叶变换、DCT 变换等，然后进行反变换得到处理后的图像。

图像复原是利用退化现象的某种先验知识，建立退化现象的数学模型，再根据模型进行反向的推演运算，从而恢复原来的景物图像，因而图像复原可以理解为图像降质过程的反向过程。建立图像复原反向过程的数学模型，就是图像复原的主要任务。

由于引起退化的因素众多而且性质不同，为了描述图像退化过程所建立的数学模型往往多种多样，恢复的质量标准也往往存在差异，因此图像复原是一个复杂的数学过程，其方法、技术也各不相同。

根据应用场景的不同，常见的图像增强和复原技术有图像去雾[14-15]、图像去雨[16-17]、图像超分辨率恢复[18-19]、水下图像增强[20-21]和低光照图像增强[22-23]等。

3. 图像数据编码

随着通信方式和通信对象的改变，海量数据日益涌现，在为人们生产生活提供便利的同时，也带来了一个巨大的问题（特别是由于传输带宽、速度和存储器容量的限制），人们不得不采取一些方式来提高信息传输能力，其中一种解决方式便是对信息进行压缩。为了解决图像数据的压缩问题，图像数据编码应运而生。

图像编码[24]压缩技术可减少描述图像的数据量（即比特数），以节省图像传输、处理时间，减少所占用的存储器容量。压缩可以在不失真的前提下获得，也可以在允许的失真条件下进行。编码是压缩技术中最重要的方法，它在图像处理技术中是发展最早且比较成熟的技术。图像编码系统在发信端基本上由两步组成：首先对经过高精度模数变换的原始数字图像进行去相关处理，去除信息的冗余度；然后根据一定的允许失真要求，对去相关后的信号编码重新码化。通常情况下，采用线性预测和正交变换进行去相关处理，与之相对应，图像编码方案也分成预测编码和变换编码两大类。

预测编码是指根据离散信号之间存在一定相关，利用前面的一个或多个信号对下一个信号进行预测，然后对实际值和预测值的差（预测误差）进行编码，如果预测比较准确，那么误差信号就会很小，可以用较少的码位进行编码，从而达到数据压缩的目的；而变换编码不是直接对空域图像信号进行编码，而是首先将空域图像信号映射变换到另一个正交向量空间（变换域或频域），产生一批变换系数，然后对这些变换系数进行编码处理。

4. 图像分割和识别

图像识别[25-27]和图像分割[28-30]是计算机图像处理（又称计算机视觉）中的两个重要技术，具有非常广泛的应用。

图像识别是指将图像中的像素映射到标签的过程，例如识别图像中的物体、人脸或字符，该过程通常涉及特征提取、特征匹配和分类等步骤。特征提取是将图像中的信息转换为计算机可以理解的形式，例如提取物体的边缘、颜色、纹理等特征；特征匹配是指将提取出的特征与训练数据中的特征进行比较，以找出最相似的标签；分类指利用分类器对特征进行分类，从而得到图像中的标签。

图像分割是指将图像划分为多个区域，每个区域都由同一种对象组成，该过程通常涉及像素分类、区域合并和边界检测等步骤。像素分类是将图像中的像素分为多个类别，例如天空、树木、人脸等；区域合并是指将相邻的像素区域合并为一个更大的区域；边界检测是指找出图像中各个对象的边界，以便进行图像分割。

需要指出的是，图像识别和图像分割的主要目的是实现自动化处理信息，例如自动化医学图像分析、自动化视频分析、自动化物体检测、自动化人脸识别等。

1.2　雾的形成机理

当前随着城市工业化的推进，汽车尾气排放和工业污染等问题使得城市区域性雾霾现象频发，并且秋冬季节时由于地表附近温度低，雨后空气中的水汽凝结往往会导致城市出现大范围的雾霾天气。受雾霾天气的影响，智能视频监控系统采集的图像质量严重退化，出现清晰度降低、对比度下降、细节模糊等降质现象。图 1-3 所示为真实场景下智能视频监控系统获取的雾霾图像示例，可以看出，在雾霾的影响下，图像变得模糊，甚至局部区域完全被雾霾覆盖。

图 1-3　真实雾霾场景示例

图像去雾的本质是图像复原。为了得到无雾图像，需要充分了解雾形成的原因以及在成像过程中图像的降质机理。雾霾是一种常见的自然现象，是由大量悬浮在空气中的微粒（水、沙尘等）组成的气溶胶系统，通常温度越高，空气容纳水汽的能力越强。当空气中容纳的水汽达到最大程度时，空气就达到了饱和，当温度降低时，空气容纳水汽的能力降低，空气中的一部分水汽就会凝结成水滴悬浮在空气中，就形成了雾。在山高林密的复杂环境中，空气含水量较大，水汽不易蒸发，白天温度较高，空气可以容纳较多的水汽，到了晚上温度降低，空气容纳水汽的能力降低，就会形成雾。雾与灰尘结合，便会形成雾霾。

通过上述分析不难看出，由于雾霾天气下空气中存在着大量微粒，因此获得的图像清晰度低。如图1-4所示，受雾霾天气的影响，摄像机在成像过程中，成像物体的反射光在经过空气中的悬浮微粒时被部分吸收，进入摄像机镜头感受器的入射光减少，导致图像的清晰度和对比度下降，使图像产生颜色偏移，图像整体呈现灰白色，而光在经过这些悬浮微粒时，会发生折射现象，偏离原来的传播路径，进一步使进入摄像机镜头感受器的入射光减少，导致图像模糊。此外，现有研究表明，一些环境中的其他光如太阳光、地面反射光也会进入摄像机镜头感受器进行成像，从而使图像质量进一步降低。

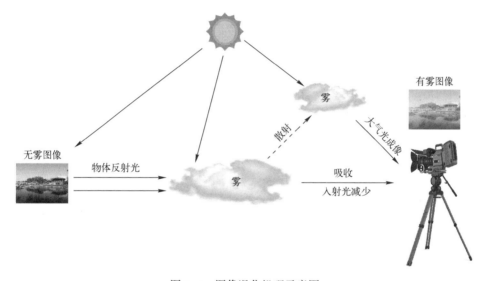

图 1-4　图像退化机理示意图

需要指出的是，在图像去雾模型中，场景深度也是一个重要因素。通常情况下，场景深度不同，光的传播路径也就不同，在有雾图像的不同区域，雾的浓度也不同。

1.3　雾天图像退化模型

根据 McCartney 等[31]和 NAyar 等[32]的理论，最终进入摄像机镜头感受器成像的光可分为两部分：一是成像物体的反射光被大气中的微粒部分吸收后进入摄像机镜头感受器的入射光，又称入射光衰减；二是大气中的微粒散射环境光后进入摄像机镜头感受器的大气光，又称大气光成像。

1.3.1 入射光衰减模型

入射光衰减反映随着场景深度的增加，光在传播过程中由于大气中悬浮微粒的散射作用而导致的能量衰减。通常情况下，成像物体与摄像机的距离越远，能量衰减越严重，得到的图像越模糊。入射光衰减模型示意如图1-5所示。

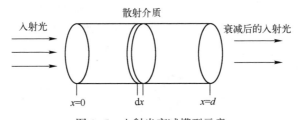

图1-5 入射光衰减模型示意

假设一束平行光垂直穿过单位横截面积的散射介质，当其穿过距离为 dx 时，衰减的强度变化可表示为

$$\frac{dE(x,\lambda)}{E(x,\lambda)} = -\beta(\lambda)dx \tag{1-1}$$

式中：$E(x,\lambda)$ 代表平行光穿越距离为 x 的散射介质经过衰减后的辐射强度；$\beta(\lambda)$ 代表散射系数，用来反映散射介质对不同波长光的散射能力。

对式（1-1）在 $[0,d]$ 上进行积分，可以求得平行光在 d 处的辐射强度，可表示为

$$E(d,\lambda) = E_0(\lambda)e^{-\beta(\lambda)d} \tag{1-2}$$

式中：$E_0(\lambda)$ 代表平行光在位置0即未经过散射介质时的辐射强度；d 为成像物体与摄像机之间的距离，也称为场景深度。

当输入为点光源时，经衰减后的辐射强度可表示为

$$E(d,\lambda) = \frac{E_0(\lambda)e^{-\beta(\lambda)d}}{d^2} \tag{1-3}$$

1.3.2 大气光成像模型

如前所述，除入射光衰减外，一些地面反射光、大气散射光等进入摄像机镜头感受器也会导致的图像质量进一步下降，该现象称为大气光成像。通常场

景深度越大,进入摄像机镜头感受器的大气光越多,图像质量也就越低。

大气光成像模型如图 1-6 所示。设场景深度为 d,$\mathrm{d}w$ 代表体积微元到成像设备的立体角,则场景深度为 x 处的体积微元 $\mathrm{d}V$ 可表示为

$$\mathrm{d}V = x^2 \mathrm{d}w \mathrm{d}x \tag{1-4}$$

此时假设大气介质恒定,将体积微元 $\mathrm{d}V$ 内的散射介质看作一个点光源,则因大气光成像作用,使经过该体积微元进入摄像机镜头感受器的光通量 $\mathrm{d}I$ 可表示为

$$\mathrm{d}I = k\beta(\lambda)\mathrm{d}V \tag{1-5}$$

式中:k 代表光源常数,用于描述外部光源特征;$\beta(\lambda)$ 代表散射系数。

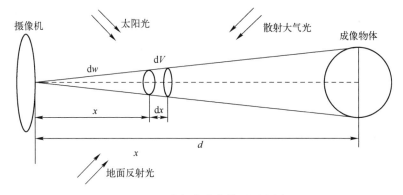

图 1-6 大气光成像模型示意图

该点光源的光在进入摄像机镜头感受器时,同样会发生入射光衰减,即将式(1-5)代入式(1-3),可得衰减后的光照强度 $\mathrm{d}E$,如下式所示:

$$\mathrm{d}E(x,\lambda) = \frac{\mathrm{d}I(x,\lambda)\mathrm{e}^{-\beta(\lambda)x}}{x^2} \tag{1-6}$$

由于 $\mathrm{d}w$ 代表体积微元到成像设备的立体角,因此该点光源辐射率 $\mathrm{d}L$ 可表示为

$$\mathrm{d}L(x,\lambda) = \frac{\mathrm{d}I(x,\lambda)\mathrm{e}^{-\beta(\lambda)x}}{\mathrm{d}w x^2} \tag{1-7}$$

对式(1-7)在 $[0,d]$ 上进行积分,可得总的大气光照强度,如下式所示:

$$L(d,\lambda) = k(1-\mathrm{e}^{-\beta(\lambda)d}) \tag{1-8}$$

当场景深度 d 的取值趋于无限时,即 $L_\infty(\lambda) = k$,此时场景深度为 d 的成像物体进入摄像机镜头感受器的大气光可表示为

$$E(d,\lambda) = E_\infty(\lambda)(1-\mathrm{e}^{-\beta(\lambda)d}) \tag{1-9}$$

1.3.3 雾天图像退化模型

综合上述分析,雾天图像退化模型可概括为

$$E(d,\lambda)=E_0(\lambda)e^{-\beta(\lambda)d}+E_\infty(\lambda)(1-e^{-\beta(\lambda)d}) \tag{1-10}$$

式中:$E(d,\lambda)$代表降质后的有雾图像,记为$I(x)$;$E_0(\lambda)$表示在场景源点处未经散射介质吸收和散射的无雾图像,记为$J(x)$;$e^{-\beta(\lambda)d}$代表透射图,记为$t(x)$;$E_\infty(\lambda)$代表环境大气光,通常指景深无穷远处的大气光值,记为A。

根据上述分析可得雾天图像退化模型,通常又称为大气散射模型,如下式所示:

$$I(x)=J(x)t(x)+A(1-t(x)) \tag{1-11}$$

1.4 本书内容安排

作为一种图像预处理技术,图像去雾能够对真实场景下受雾霾天气影响的降质图像进行恢复,使其更好地应用于目标检测、语义分割、行人重识别等高级视觉任务。当前随着深度学习技术的迅猛发展,利用深度神经网络生成去雾图像已经成为图像去雾领域的主要研究方向,然而由于深度学习的不可解释性以及去雾场景的复杂性,单纯通过改进网络结构或片面增加训练数据以提高图像去雾效果,将会导致计算复杂性和计算资源的大幅增加,且纯数据驱动的图像去雾模型泛化能力较差,导致在真实场景有雾图像中的去雾能力不足。与此同时,知识蒸馏作为当前深度学习领域一个新兴的研究热点,通过模型压缩、模型增强等方式,已在图像超分辨率重构、图像识别等计算机视觉领域取得了显著成就。

本书立足于计算机视觉智能视频监控系统的实际需求,首先对图像处理技术和知识蒸馏相关理论进行介绍,然后针对当前雾霾条件下获取的图像质量退化问题,创新地将知识蒸馏技术应用于图像去雾领域,有效解决了图像去雾过程中存在的去雾图像颜色失真严重、训练模型网络结构复杂、去雾模型泛化能力不足、真实场景去雾性能较差等问题。

全书共分为8章,其结构安排如图1-7所示。

第1章,绪论。主要介绍现有的图像处理技术、雾的形成机理,并在该基础上介绍雾天图像退化模型,明确本书的主要研究对象。

第2章,图像去雾技术。主要介绍图像去雾技术的研究现状以及一些常用的研究方法。此外,还对图像去雾技术所使用的数据集进行介绍。

第 1 章 绪论

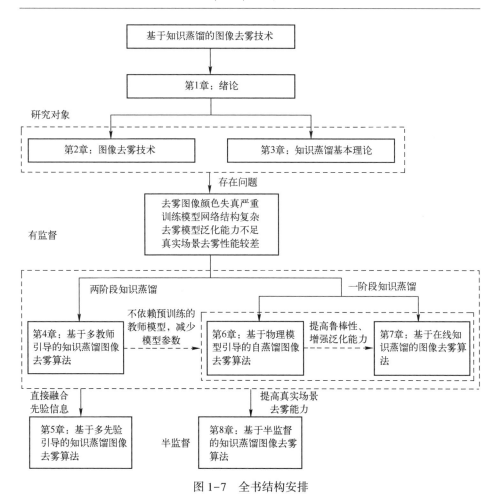

图 1-7 全书结构安排

第 3 章，知识蒸馏基本理论。近年来，知识蒸馏技术在计算机视觉和语言处理方面大放异彩，该技术采用教师-学生的模型范式对教师网络蕴含的知识进行蒸馏，从而使训练后的网络具有优秀的性能，同时通过模型压缩使网络具有更为简单的结构和更少的模型参数。此外，知识蒸馏技术还可利用网络之间的相互学习实现模型增强，从而进一步提高训练后模型的泛化性能。作为本书的研究特色，本章主要对知识蒸馏相关技术进行介绍，首先介绍知识蒸馏的起源，其次介绍知识的形式、知识蒸馏的方式及其应用。

第 4 章，基于多教师引导的知识蒸馏图像去雾算法。首先分析基于先验信息图像去雾算法和端到端图像去雾算法具有的互补优势，并据此提出一种基于多教师引导的知识蒸馏图像去雾算法。该算法首先选择两个预训练的去雾模型作为教师网络,然后设计一个多尺度网络作为学生网络,最后将预训练的教师模型所蕴含的知识单向传递到学生网络。该算法通过采用多教师知识蒸馏,能够将基于先验信息图像去雾和端到端图像去雾两类算法的优势进行有机融合,可有效缓解去雾图像存在的伪影、颜色失真严重等问题。

第5章,基于多先验引导的知识蒸馏去雾算法。在无先验信息引导的图像去雾算法中,由于模型缺乏对真实雾霾特征的感知能力,导致图像去雾网络的训练效果有限,因此如何利用底层先验知识引导网络的训练过程,进而提升算法在真实场景中的图像去雾能力,具有极其重要的研究意义。本章通过对底层图像增强任务特点进行深入分析,提出一种多先验引导的知识蒸馏图像去雾算法。该方法利用先验信息得到伪标签(伪清晰图像)来预训练两个图像去雾模型,并采用知识蒸馏方式,从特征层面引导端到端去雾网络的训练过程,从而得到一个融合多底层任务先验知识的图像去雾网络。该方法可有效结合传统图像增强算法在真实场景中去雾效果好的优点,同时通过监督训练抑制上述传统算法产生的色差与伪影,解决现有图像去雾算法在真实场景中去雾效果大幅降低的问题。

第6章,基于物理模型引导的自蒸馏图像去雾算法。首先分析当前图像去雾算法由于改进网络结构而造成的模型结构复杂、模型参数量大等问题,并据此提出一种基于物理模型引导的自蒸馏图像去雾算法。该算法无须构建一个单独的网络作为教师网络,而是将教师网络和学生网络视为同一个网络,并对较深层网络的特征进行提取以指导浅层网络的训练,从而在保持模型优秀性能的同时,有效减少了模型的复杂度和模型参数量。

第7章,基于在线知识蒸馏的图像去雾算法。首先分析传统知识蒸馏算法存在的弊端,以及大气散射模型在图像去雾中的重要意义,并据此提出一种基于在线知识蒸馏的图像去雾算法。该算法不需要选择或预先训练一个网络作为教师模型,而是通过学生网络之间的相互学习来组成一个性能更加优秀的教师网络。此外,该算法将大气散射模型嵌入网络,以充分结合端到端图像去雾算法和基于模型图像去雾算法所具有的优势,有效增强了训练后模型的鲁棒性和泛化能力。

第8章,基于半监督的知识蒸馏图像去雾算法。首先分析当前监督学习方式和无监督学习方式的各自优势,并据此提出一种基于半监督的知识蒸馏图像去雾算法。该算法设计一个包含监督学习分支和无监督学习分支的网络,并使上述两个分支共享权重参数,从而通过在有标签的合成数据集和无标签的真实数据集上分别训练来实现半监督学习。此外,算法还通过知识蒸馏的方式将 RefineDNet(一种预训练的教师模型)生成的去雾图像和暗通道先验去雾算法生成的去雾图像作为伪标签,从而将教师模型蕴含的知识通过知识蒸馏进行单向传递,用以指导网络的训练,有效增强了网络在真实场景的去雾能力。

参 考 文 献

[1] 桑卡,赫拉瓦卡,博伊尔. 图像处理、分析与机器视觉[M]. 艾海舟,苏延超,等译. 3版. 清华大学出版社,2011.

[2] 禹晶. 数字图像处理[M]. 机械工业出版社,2015.

[3] Gonzalez R C, Woods R E. 数字图像处理[M]. 阮秋琦,阮宇智,译. 4版. 电子工业出版社,2020.

[4] 胡裕峰. 图像变换域数字水印技术研究[D]. 杭州:浙江大学,2011.

[5] 黄果. 离散傅里叶变换在医学图像中的应用[J]. 电子世界,2020(11):163-164.

[6] 陈后金. 快速傅里叶变换对信号频谱的简单分析[J]. 电子测试,2020(9):68-69,36.

[7] 任鸿鹏. 基于傅里叶变换的MATLAB图像处理[J]. 科技资讯,2019,17(16):11-12,14.

[8] 梁晓,王雪玮,郭京波,等. 结合沃尔什变换与列率截断的图像局部模糊抗噪检测[J]. 计算机辅助设计与图形学学报,2022,34(1):94-103.

[9] 李靖,陈怀民,段晓军,等. 基于沃尔什变换的图像不变正交矩[J]. 哈尔滨工程大学学报,2019,40(10):1784-1789.

[10] 成罡,金国藩,刘海松,等. 基于光学沃尔什变换特征提取的图像匹配[J]. 光学学报,2001(2):167-172.

[11] 周鑫,钟琴. 基于离散余弦变换的高光谱图像复原方法[J]. 激光杂志,2023,44(2):118-122.

[12] 李澜,巩彩兰,黄华文,等. 基于离散余弦变换的无人机耀斑图像恢复算法[J]. 光学学报,2020,40(19):186-191.

[13] 于万波,王香香,王大庆. 基于离散余弦变换基函数迭代的人脸图像识别[J]. 图学学报,2020,41(1):88-92.

[14] He K, Sun J, Tang X. Single Image Haze Removal Using Dark Channel Prior[J]. IEEE Transactions on Pattern Analysis and Machine Intelligence,2011,33(12):2341-2353.

[15] Fattal R. Dehazing Using Color-Lines[J]. ACM Transactions on Graphics,2014,34(1):1-14.

[16] Cao M, Gao Z, Ramesh B, et al. A Two-Stage Density-Aware Single Image Deraining Method[J]. IEEE Transactions on Image Processing,2021,30:6843-6854.

［17］ Du Y, Xu J, Zhen X, et al. Conditional Variational Image Deraining［J］. IEEE Transactions on Image Processing, 2020, 29: 6288-6301.

［18］ Chen Y, Liu L, Phonevilay V, et al. Image Super-resolution Reconstruction Based on Feature Map Attention Mechanism［J］. Applied Intelligence, 2021, 51(7): 4367-4380.

［19］ Chen Y, Phonevilay V, Tao J, et al. The Face Image Super-resolution Algorithm Based on Combined Representation Learning［J］. Multimedia Tools and Applications, 2021, 80(20): 30839-30861.

［20］ Sun X, Liu L, Dong J. Underwater Image Enhancement with Encoding-decoding Deep CNN Networks［C］. IEEE SmartWorld, Ubiquitous Intelligence & Computing, Advanced & Trusted Computed, Scalable Computing & Communications, Cloud & Big Data Computing, Internet of People and Smart City Innovation (SmartWorld/SCALCOM/UIC/ATC/CBDCom/IOP/SCI), 2017: 1-6.

［21］ Jian M, Liu X, Luo H, et al. Underwater Image Processing and Analysis: A review［J］. Signal Processing: Image Communication, 2021, 91: 116088.

［22］ Wang Y, Wan R, Yang W, et al. Low-Light Image Enhancement with Normalizing Flow［J］. arXiv, 2021.

［23］ Ma L, Ma T, Liu R, et al. Toward Fast, Flexible, and Robust Low-Light Image Enhancement［J］. arXiv, 2022.

［24］ Le N, Zhang H, Cricri F, et al. Image Coding for Machines: An End-to-end Learned Approach［C］. IEEE International Conference on Acoustics, Speech and Signal Processing (ICASSP), 2021: 1590-1594.

［25］ Jeong J, Verma V, Hyun M, et al. Interpolation-based Semi-supervised Learning for Object Detection［C］. IEEE Conference on Computer Vision and Pattern Recognition (CVPR), 2021: 11597-11606.

［26］ Yang W, Tan R T, Feng J, et al. Deep Joint Rain Detection and Removal from a Single Image［C］. IEEE Conference on Computer Vision and Pattern Recognition (CVPR), 2017: 1685-1694.

［27］ Yang W, Tan R T, Feng J, et al. Joint Rain Detection and Removal from a Single Image with Contextualized Deep Networks［J］. IEEE Transactions on Pattern Analysis and Machine Intelligence, 2020, 42(6): 1377-1393.

［28］ Mittal S, Tatarchenko M, Brox T. Semi-Supervised Semantic Segmentation with High- and Low-Level Consistency［J］. IEEE Transactions on Pattern Analysis and Machine Intelligence, 2021, 43(4): 1369-1379.

［29］ Mittal S, Tatarchenko M, Brox T. Semi-Supervised Semantic Segmentation with High- and Low-Level Consistency［J］. IEEE Transactions on Pattern Analysis and Machine Intelligence, 2021, 43(4): 1369-1379.

[30] Liu Y, Chen K, Liu C, et al. Structured Knowledge Distillation for Semantic Segmentation [C]. IEEE Conference on Computer Vision and Pattern Recognition (CVPR), 2019: 2599-2608.

[31] McCartney E J, Hall F F. Optics of the Atmosphere: Scattering by Molecules and Particles [J]. Physics Today, American Institute of Physics, 1977, 30(5): 76-77.

[32] Nayar S K, Narasimhan S G. Vision in Bad Weather [C]. IEEE Conference on Computer Vision and Pattern Recognition (CVPR), 1999, 2: 820-827.

第 2 章 图像去雾技术

2.1 图像去雾研究现状

图像去雾旨在恢复清晰的无雾图像,从而使原有的降质有雾图像转化为高质量的无雾图像。目前,图像去雾算法大致可分为基于图像增强的去雾算法、基于图像复原的去雾算法和基于深度学习的去雾算法三类。其中:基于图像增强的去雾算法将雾霾作为噪声,利用常规的图像处理技术来调节图像的灰度等级,从而突出图像中的重要细节,抑制或忽略图像中的模糊部分;基于图像复原的去雾算法通过重新构建大气散射模型,进而生成高质量的去雾图像;基于深度学习的去雾算法通过学习雾霾图像与无雾图像之间的映射,从而直接生成去雾图像,有效缓解了引入人为先验误差的问题。上述三类算法的详细分类如图 2-1 所示。

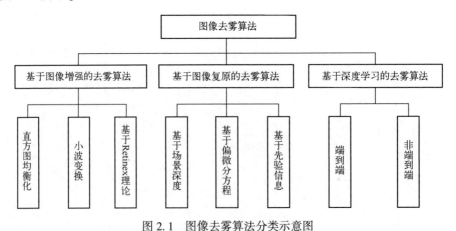

图 2.1 图像去雾算法分类示意图

2.1.1 基于图像增强的去雾算法

基于图像增强的去雾算法不考虑有雾图像的降质机理,只是简单地将雾作为噪声,利用常规的图像处理操作增强图像的对比度,从而突出图像中的重要细节，抑制或忽略图像中的模糊部分。该算法简单，通常具有一定的去雾效果，但是没有分析图像降质的真正原因，对于突出部分的图像可能会造成一定程度的失真。

依据增强方式的不同，基于图像增强的去雾算法可分为直方图均衡化去雾算法、小波变换去雾算法和基于 Retinex 理论的去雾算法。

1. 直方图均衡化去雾算法

直方图均衡化去雾算法又可细分为全局和局部去雾算法两种。其中：全局直方图均衡化去雾算法[1]主要通过拟定离散函数来对图像灰度值集中部分的对比度进行增强，从而实现图像去雾，该算法简单且易于实现，对整体偏亮及偏暗的图像去雾效果好，然而由于该算法对图像整体的灰度进行均一化处理，容易过度增强去雾后的图像；Kim 等[2]提出了局部直方图均衡化去雾算法，该算法对图像的局部重叠子块进行处理，有效增强了算法的鲁棒性，并改善了去雾图像亮度不均等问题。此外，Zuiderveld 等[3]还提出了自适应直方图均衡化图像去雾算法，通过设置一个阈值修正直方图来限制对比度，能够有效缓解传统直方图均衡化去雾算法造成的图像颜色失真等问题，进而改善图像去雾质量。

2. 小波变换去雾算法

小波变换去雾算法[4]首先分离图像的高频分量和低频分量，并得到有雾图像不同频率分布的特征，然后通过增强高频分量生成去雾图像。与小波变换去雾算法相似，同态滤波去雾算法[5]采用灰度变换和频率过渡相结合的方式进行图像去雾。

3. 基于 Retinex 理论的去雾算法

Retinex 理论又称颜色恒常性理论。基于 Retinex 理论，Jobson 等[6]提出单尺度 Retinex 算法，该算法通过高斯函数突出图像中的高频信息以用于图像增强，但由于现实中图像的光照和亮度变化往往是非线性的，而该算法使用单一确定的尺度会使图像出现颜色畸变等问题，为此 Jobson 等[7]进一步提出多尺度 Retinex 去雾算法，在进行图像增强的同时有效缓解了单尺度算法的不足。

上述基于图像增强的去雾算法通过对图像颜色、对比度等信息进行处理，具有一定的图像去雾效果，但此类算法未考虑雾天图像的退化机理和退化模型，去雾效果有限。

2.1.2 基于图像复原的去雾算法

基于图像复原的去雾算法主要依靠大气散射模型生成去雾图像。基于图像复原的去雾算法主要包括基于场景深度的去雾算法、基于偏微分方程的去雾算法和基于先验信息的去雾算法三类。

1. 基于场景深度的去雾算法

基于深度信息的去雾算法是指通过雷达或其他信息获得有雾图像的场景深度信息，并根据场景深度求得透射率，再根据大气散射模型逆向求解得到无雾图像。Oakley等[8]利用雷达和飞机飞行参数估计场景深度；Narasimhan等[9]根据不同天气的影响，人为指定最大景深和最小景深区域，解决了景深不连续的问题。

2. 基于偏微分方程的去雾算法

基于偏微分方程的去雾算法通过最优化能量模型建立偏微分方程，并求解大气散射模型所需参数，然后根据该模型生成去雾图像。例如：张然[10]构建了整数阶偏微分方程和分数阶偏微分方程进行去雾；周理等[11]提出一种基于大气衰减模型和变分偏微分方程的去雾算法，该算法通过偏微分理论将有雾图像的变分模型转化为欧拉-拉格朗日方程进行去雾。

3. 基于先验信息的去雾算法

基于先验信息的去雾算法通过对无雾图像的颜色、饱和度等信息进行深入观察和分析，人为制定先验信息对大气散射模型进行约束，并利用该模型生成最终的去雾图像。

暗通道先验去雾算法（Dark Channel Prior，DCP）[12]是最具影响力的基于先验信息的去雾算法。暗通道先验理论认为，在一幅图像的非天空区域图像块中，一般至少有一个通道在某些像素处有非常低的强度，在这样的图像块中，这个通道的最小强度值非常低，趋近0，可表示如下：

$$J_{\text{dark}}(x) = \min_{y \in \Omega(x)} \left(\min_{C \in (R,G,B)} J^{C}(y) \right), J \to 0 \qquad (2-1)$$

式中：C为R、G、B三个通道中的任一通道；$\Omega(x)$为灰度图中以每一个像素点为中心，选取一定大小的矩阵范围，具体计算过程中可首先计算出图像每一个像素在三个通道的最小值，从而得到灰度图，然后取$\Omega(x)$中灰度最小值的点代替中心点，从而得到暗通道图像；$J \to 0$代表通过暗通道先验得到的暗通道图像所有的像素灰度值为0。需要指出的是，尽管暗通道先验去雾算法能够恢复出无雾图像，但该算法计算复杂，实时性不好。

除上文所述暗通道先验去雾算法以外，Zhu等[13]依据有雾图像中雾的浓度来假定有雾图像的亮度和饱和度之间的关系；Fattal等[14]观察到图像的颜色在RGB颜色空间中通常呈一维分布，并据此提出色线先验去雾算法；Berman等[15]提出图像在RGB颜色空间中可近似为几百种不同颜色的簇，并据此提出非局部先验去雾算法（NLD）。

总体而言，基于先验信息的图像去雾算法可以有效恢复无雾图像的纹理信息，但由于针对某些特殊场景人为设定的先验信息并不适用于所有场景，导致此类算法往往会过度去雾，同时生成的去雾图像亮度变低、颜色保真度下降等。

2.1.3 基于深度学习的去雾算法

近年来，大量研究者提出了基于深度学习的图像去雾算法，此类算法不需要人为设定先验信息，而是通过设计深度学习网络以获取大气散射模型中的未知参数或直接生成去雾图像。目前，基于深度学习的去雾算法主要分为非端到端的去雾算法和端到端的去雾算法两种。

1. 非端到端的去雾算法

非端到端的图像去雾算法通过构建神经网络获得大气散射模型所需参数，然后将其代入模型，从而反演生成去雾图像。例如：Cai 等[16]首次构建了卷积神经网络对透射图进行估计并进行特征提取，实验结果表明该算法能够有效去雾，但由于其网络结构简单，因此去雾能力有限；为了对透射图进行更精确地估计，Ren 等[17]提出了一种多尺度卷积神经网络，该算法以有雾图像和透射图为学习对象，使用粗尺度子网络估计图像的全局透射图，使用细尺度子网络对透射图进行细化学习，从而实现了透射图的二次优化；Li 等[18]提出使用由粗到细的学习方式对透射图进行渐进估计，以进一步提高算法的图像去雾效果。上述三种图像去雾算法利用卷积神经网络对透射图进行估计，有效缓解了人为先验信息估计透射图而造成的去雾图像颜色失真等问题。

得益于卷积神经网络强大的特征学习能力，一些算法同时对大气光和透射图进行估计，然后利用大气散射模型反演生成去雾图像。例如：Zhang 等[19]提出了一种金字塔去雾结构（DCPDN），该算法利用金字塔密集连接透射图估计网络（TNet）和大气光估计网络（ANet），以分别估计透射图和大气光，然后将大气散射模型嵌入整个网络，并利用该模型反演生成去雾图像；Li 等[20]提出了 AODNet，该算法考虑到同时估计大气光和透射图可能会带来累计误差，因此直接将透射图和大气光合并为一个参数进行估计，从而生成最终的去雾图像。

上述非端到端的图像去雾算法通过构建卷积神经网络，采用数据驱动方式对透射图和大气光进行预测和优化，并将其代入大气散射模型，从而反演生成去雾图像，然而大气散射模型是一个理想模型，其本质上也是一种先验信息，因此非端到端的图像去雾算法在一定程度上仍会过度增强去雾图像。

2. 端到端的去雾算法

端到端的去雾算法摆脱了对大气散射模型的依赖，直接通过卷积神经网络生成最终的去雾图像。例如：Ren 等[21]对有雾图像首先进行伽马矫正等预处理，然后利用神经网络将得到的衍生图像进行自适应融合并生成去雾图像；FFA[22]通过引入密集连接和残差网络结构，构建了深度神经网络并提高了算法的去雾能力。除了增加网络的深度外，也有部分算法通过增加网络的宽度及进行多尺度特征融合来改善图像的特征提取能力。例如：Chen 等[23]提出了一种门控聚合网络，该算法使用平滑膨胀卷积以更好地获取图像全局信息，并使用门控网络融合不同尺度的特征信息来改善去雾效果；Liu 等[24]提出了一种格形去雾网络（Grid），该算法采用残差密集块和上下采样块组成基本块进行特征提取，并使用注意力机制对其进行融合；Dong 等[25]基于 U-Net[26]架构，提出一种多尺度增强图像去雾网络（MSBDN），该算法采用编码器-解码器结构并使用增强策略生成去雾图像；基于生成对抗网络（Generative Adversarial Net, GAN）相关理论，Qu 等[27]提出了一种增强型像素对像素的图像去雾网络（EPDN），该算法通过嵌入的生成对抗网络和增强器进行共同训练，取得了较好的图像去雾效果。

上述端到端的图像去雾算法不考虑雾天图像的退化机理，直接利用端到端的网络生成去雾图像，此类算法需要大量匹配的真实有雾图像及其相应的无雾图像作为训练数据集来对网络进行训练。然而在现实世界中，真实有雾训练数据集的收集极其困难且需消耗大量的人力物力，因而上述算法大多在合成有雾数据集上进行训练。此外，由于真实有雾图像和合成有雾图像上的雾霾分布存在一定差异，且网络通常缺乏额外信息的引导，因此此类算法的鲁棒性较差，并且其在真实有雾图像上的去雾效果不够理想。

为解决上述问题，研究人员在考虑雾天图像退化机理的同时，利用深度学习来提高算法的去雾效果。例如：Chen 等[28]提出了一种先验信息引导的有原则合成到真实图像去雾网络（PSD），该算法利用多种先验信息对训练好的网络进行精细化调整，从而使调整后的网络在真实有雾图像上也能获得较好的图像去雾效果；Zhao 等[29]将图像去雾任务分为可视性恢复和真实性改善两部分，提出了一种弱监督细化图像去雾网络（RefineDNet）；为了缓解现有算法在合成训练数据集上的过拟合，Li 等[30]提出了一种半监督图像去雾算法（SSID），该算法以半监督学习的方式有效改善了网络的泛化能力；Shao 等[31]提出了一种域自适应图像去雾算法（DA），该算法使用一个双向翻译网络，将图像从一个图像域转换到另一个图像域，以弥补真实有雾图像和合成有雾图像之间的域差异。Yang 等[32]提出了一种自增强的图像去雾框架（D4），用于生成和去除雾霾，该框架不仅用于估计透射图或清晰图像，而且专注于探索有雾和无雾图像中包含的散射系数和深度信息。在估计场景深度的情况下，能够重新渲染不同浓度的有雾图像，这进一步有利于去雾网络的训练。值得注意的是，整个训练过程仅需非配对的有雾和无雾图像，便可实现无监督训练过程。

2017年，Google团队[33]完全抛弃了卷积神经网络（Convolutional Neural Networks，CNN）和递归神经网络（Recurrent Neural Network，RNN），只依赖attention注意力结构的简单的网络架构提出了Transformer。2018年，Google[34]提出基于Transformer的预训练语言模型BERT，该模型在11项NLP任务中获得了SOTA的成绩，而随着Transformer在自然语言处理领域大杀四方，其也被应用于计算机视觉领域。2020年，Google[35]提出了使用Transformer进行图像分类的（Vision Transformer，ViT）backbone，开始了Transformer在视觉领域的应用。基于上述研究，目前也有研究人员[36]使用Transformer进行去雾研究，该算法结合CNN和Transformer进行图像去雾，为了解决Transformer与CNN之间的特征不一致问题，提出通过学习基于特征的调制矩阵（即系数矩阵和偏差矩阵）来调制CNN特征，而不是简单的特征加法或连接，这样可以继承Transformer的全局上下文建模能力和CNN的局部表示能力。此外，算法通过一种新的传输感知三维位置嵌入模块，将一个与雾霾密度相关的先验引入Transformer，该模块不仅提供了相对位置，而且暗示了不同空间区域的雾霾密度。

综上所述，基于深度学习的图像去雾算法具有更强的适用性，其在合成有雾数据集上的优异表现也表明，深度神经网络所拥有的强大学习能力能够有效缓解利用人为先验信息图像去雾而造成的伪影、颜色失真等问题。同时本书也注意到，非端到端的图像去雾算法通常首先利用深度神经网络来估计透射图和大气光，然后将其代入大气散射模型生成去雾图像，尽管此类算法仍会造成一定的伪影，但其生成的去雾图像纹理更加清晰、细节更加丰富，这也表明大气散射模型作为一个经典的物理模型，能够在很大程度上改善算法的去雾效果并提高其泛化能力。为此，现有研究者更倾向于将先验信息、大气散射模型同深度学习结合，有效增强算法的泛化能力并减小其复杂度，但此类算法仍处于初步探索阶段，特别是选择何种先验信息，以及如何将先验信息、大气散射模型同深度神经网络进行有效结合，仍是图像去雾领域值得重点研究的问题。

2.2 图像去雾主要数据集

2.2.1 RESIDE数据集

Li等[37]利用大气散射模型合成有雾图像，提出了真实单幅图像去雾数据集 RESIDE。该数据集也是目前图像去雾领域极其经典和广泛使用的数据集，主要包括室内训练集（Indoor Training Set，ITS）、室外训练集（Outdoor Training Set，OTS）、混合测试集（Hybrid Subjective Testing Set，HSTS）、合成测试集（Synthetic Objective Testing Set，SOTS）和真实测试集（Real-world Task-driven Testing Set，RTTS）五个子集。其中：ITS 包含 1399 幅无雾图像以及利用大气散射模型生成的有雾图像；OTS 包含 2061 幅室外真实无雾图像以及相应的 72135 幅有雾图像；HSTS 包含合成和真实有雾图像各 10 幅，该数据集主要用于人的主观评价；SOTS 分别包含 50 幅室内和室外无雾图像以及利用大气散射模型合成的有雾图像；RTTS 包含 4332 幅真实有雾图像，主要用于测试图像去雾模型在真实场景中的去雾能力。图 2-2 为 RESIDE 数据集图像示例。

图 2-2　RESIDE 数据集图像示例

2.2.2　HazeRD 数据集

HazeRD 数据集[38]也是一个合成有雾图像数据集，由于该数据集包含的有雾图像数量较少，因此很少有算法将其作为训练数据集进行训练，但该数据集常被用于验证去雾模型的性能。该数据集包含 15 幅室外真实有雾图像，通过将场景深度分别设置为 50、100、200、500、1000，合成了 75 幅有雾图像，即每幅无雾图像对应 5 幅有雾图像，且场景深度越大，雾浓度也越大。图 2-3 为 HazeRD 数据集图像示例。

2.2.3　D-HAZY 数据集

D-HAZY 数据集是 Ancuti 等[39]在 Middelbury 和 NYU Depth 深度数据集的

基础上，基于大气散射模型和图像深度信息合成的有雾数据集，该数据集包含1400多对有雾图像及其对应的无雾图像。图2-4为D-HAZY数据集图像示例。

图2-3　HazeRD数据集图像示例

图2-4　D-HAZY数据集图像示例

2.2.4　I-HAZE和O-HAZE数据集

上文所述有雾图像数据集均是利用大气散射模型人工合成得到的，虽然对于模型训练具有重要意义，但仅使用上述数据集对模型进行测试尚不能有效验证图像去雾算法在真实有雾图像上的去雾能力。基于此，Ancuti等相继提出了I-HAZE[40]和O-HAZE[41]数据集，其分别包含35幅、45幅室内和室外场景的有雾图像和无雾图像。与上文所述合成有雾数据集相比，I-HAZE和O-HAZE数据集中的有雾图像均由专业的造雾机直接生成，其雾分布也更加接近真实有雾图像上的雾分布。图2-5为I-HAZE和O-HAZE数据集图像示例。

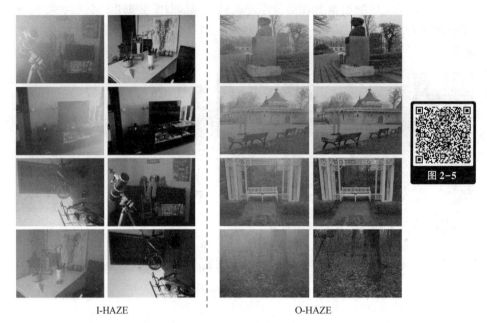

图 2-5　I-HAZE 和 O-HAZE 数据集图像示例

2.2.5　URHI 数据集

无注释的真实有雾图像数据集[31]（Unannotated Real Hazy Images，URHI）包含 1400 多幅真实有雾图像，该数据集由摄像机在真实场景下直接采集，因此图像去雾算法在该数据集上的去雾效果能直接反映其在真实场景下的去雾性能。需要指出的是，由于该数据集没有相对应的无雾图像，因此只能通过人的视觉感知系统进行主观比较，而无法使用客观评价标准对算法进行定量比较。图 2-6 为 URHI 数据集图像示例。

图 2-6　URHI 数据集图像示例

2.2.6 FHAZE 数据集

Fattal 等[14]收集了 37 幅真实有雾图像来验证所提算法的性能,在后续研究中,研究人员陆续采用该数据集进行测试和比较,本书将这 37 幅图像统称为 FHAZE 数据集。图 2-7 为 FHAZE 数据集图像示例。

图 2-7　FHAZE 数据集图像示例

2.3　评价指标

为评价图像去雾算法的性能,研究人员建立了一套广泛使用的图像去雾评价指标,分为主观综合评价和客观综合评价两种[42]。其中:主观综合评价是指邀请研究人员来主观判断去雾效果的好坏;而客观综合评价则指利用图像处理领域的相关知识,通过数学计算来得到图像某个属性的值,并对图像进行定量比较以判断图像去雾效果的好坏。

2.3.1　主观综合评价

通常情况下,去雾图像的主观评价需要邀请多名研究人员从生成的去雾图像颜色、对比度、亮度、色差等方面对图像进行打分,然后采用统计学知识对其进行加权,以评价图像去雾质量的高低。显然主观评价指标简单直接,评价效果更加符合人类的视觉感知系统,但由于需要邀请多名研究人员进行评价,而不同的研究人员具有不同的审美,他们对图像的理解可能大不相同甚至可能截然相反,这就导致对图像的评价结果存在争议,因此该评价指标通常只作为辅助的评价指标。

2.3.2　客观综合评价

相比之下,客观评价指标使用计算机在某种数学模型下的值来代替人的视觉感知系统，通过计算来定量评价去雾图像并判断去雾效果的优劣。目前，常用的客观评价指标包括峰值信噪比[43]（Peak Signal-to-Noise Ratio，PSNR）、结构相似度[43]SSIM 和模型参数量等。

1. 峰值信噪比

峰值信噪比代表一个信号的输出功率与影响其准确度噪声功率的百分比。该评价指标被计算机视觉领域广泛使用，可表示为

$$\text{PSNR} = 10\log\left(\frac{\text{MAX}_I^2}{\text{MSE}}\right) \quad (2-2)$$

式中：MAX_I 代表图像点颜色的最大数值。通常情况下，PSNR 的值越大，图像受到噪声的影响越小，生成的去雾图像效果也就越好。

2. 结构相似度

不同于峰值信噪比，结构相似度采用了对比图片亮度、结构相似程度以及色彩对比度来比较与图片的差别，因此其评价后的结果也更加符合人的视觉感知系统，其计算公式为

$$\text{SSIM} = \frac{(2\mu_x\mu_y + C_1)(2\delta_{xy} + C_2)}{(\mu_x^2 + \mu_y^2 + C_1)(\delta_x^2 + \delta_y^2 + C_2)} \quad (2-3)$$

式中：μ_x、μ_y 代表图像的均值；δ_x^2、δ_y^2 代表图像的方差；δ_{xy} 代表协方差；C_1 和 C_2 为大于 0 的数。通常情况下，SSIM 的计算值越接近 1，图像的质量越高，其视觉效果也越好。

3. 模型参数量

模型参数量表征图像去雾网络模型的参数个数，它与所设计的网络结构有关，单位为 M，代表 1×10^6。通常情况下，该评价指标越小，设备执行该算法所需要的内存或显存越少。

参 考 文 献

[1] 蒋华伟, 杨震, 张鑫, 等. 图像去雾算法研究进展 [J]. 吉林大学学报（工学版），2021, 51 (04): 1169-1181.

[2] Kim T K, Paik J K, Kang B S. Contrast Enhancement System Using Spatially Adaptive Histogram Equalization with Temporal Filtering [J]. IEEE Transactions on Consumer Electronics, 1998, 44 (1): 82-87.

[3] Zuiderveld K. Contrast Limited Adaptive Histogram Equalization [M]. IV New York: Academic Press, 1994.

[4] Zhang H, Liu X, Huang Z, et al. Single Image Dehazing Based on Fast Wavelet Transform

with Weighted Image fusion [C]. IEEE International Conference on Image Processing (ICIP), 2014: 4542-4546.

[5] 孔雷平. 图像去雾技术与应用研究 [D]. 南京: 南京邮电大学, 2021.

[6] Jobson D J, Rahman Z, Woodell G A. Properties and Performance of a Center/surround Retinex [J]. IEEE Transactions on Image Processing, 1997, 6 (3): 451-462.

[7] Jobson D J, Rahman Z, Woodell G A. A Multiscale Retinex for Bridging the Gap Between Color Images and the Human Observation of Scenes [J]. IEEE Transactions on Image Processing, 1997, 6 (7): 965-976.

[8] Oakley J P, Satherley B L. Improving Image Quality in Poor Visibility Conditions Using a Physical Model for Contrast Degradation [J]. IEEE Transactions on Image Processing, 1998, 7 (2): 167-179.

[9] Narasimhan S G, Nayar S K. Interactive (De) Weathering of an Image Using Physical Models [C]. IEEE Workshop on Color and Photometric Methods in Computer Vision, 2015, 10.

[10] 张然. 基于分数阶偏微分方程的雾天图像增强算法 [D]. 西安: 西安理工大学, 2018.

[11] 周理, 毕笃彦, 何林远. 融合变分偏微分方程的单幅彩色图像去雾 [J]. 光学精密工程, 2015, 23 (05): 1466-1473.

[12] He K, Sun J, Tang X. Single Image Haze Removal Using Dark Channel Prior [J]. IEEE Transactions on Pattern Analysis and Machine Intelligence, 2011, 33 (12): 2341-2353.

[13] Zhu Q, Mai J, Shao L. A Fast Single Image Haze Removal Algorithm Using Color Attenuation Prior [J]. IEEE Transactions on Image Processing, 2015, 24 (11): 3522-3533.

[14] Fattal R. Dehazing Using Color-Lines [J]. ACM Transactions on Graphics, 2014, 34 (1): 1-14.

[15] Berman D, Treibitz T, Avidan S. Non-local Image Dehazing [C]. IEEE Conference on Computer Vision and Pattern Recognition (CVPR), 2016: 1674-1682.

[16] Cai B, Xu X, Jia K, et al. DehazeNet: An End-to-End System for Single Image Haze Removal [J]. IEEE Transactions on Image Processing, 2016, 25 (11): 5187-5198.

[17] Ren W, Liu S, Zhang H, et al. Single Image Dehazing via Multi-scale Convolutional Neural Networks [C]. European Conference on Computer Vision (ECCV), 2016: 154-169.

[18] Li Y, Miao Q, Ouyang W, et al. LAP-Net: Level-Aware Progressive Network for Image Dehazing [C]. IEEE International Conference on Computer Vision (ICCV), 2019: 3275-3284.

[19] Zhang H, Patel V M. Densely Connected Pyramid Dehazing Network [C]. IEEE Conference on Computer Vision and Pattern Recognition (CVPR), 2018: 3194-3203.

[20] Li B, Peng X, Wang Z, et al. AOD-Net: All-in-One Dehazing Network [C]. IEEE International Conference on Computer Vision (ICCV), 2017: 4780-4788.

[21] Ren W, Ma L, Zhang J, et al. Gated Fusion Network for Single Image Dehazing [C]. IEEE Conference on Computer Vision and Pattern Recognition, 2018: 3253-3261.

[22] Qin X, Wang Z, Bai Y, et al. FFA-Net: Feature Fusion Attention Network for Single Image Dehazing [C]. AAAI Conference on Artificial Intelligence, 2020, 34 (07): 11908-11915.

[23] Chen D, He M, Fan Q, et al. Gated Context Aggregation Network for Image Dehazing and Deraining [C]. IEEE Winter Conference on Applications of Computer Vision (WACV), 2019: 1375-1383.

[24] Liu X, Ma Y, Shi Z, et al. GridDehazeNet: Attention-Based Multi-Scale Network for Image Dehazing [C]. IEEE International Conference on Computer Vision (ICCV), 2019: 7313-7322.

[25] Dong H, Pan J, Xiang L, et al. Multi-Scale Boosted Dehazing Network With Dense Feature Fusion [C]. IEEE Conference on Computer Vision and Pattern Recognition (CVPR), 2020: 2154-2164.

[26] Ronneberger O, Fischer P, Brox T. U-Net: Convolutional Networks for Biomedical Image Segmentation [C]. Medical Image Computing and Computer-Assisted Intervention (MICCAI), 2015: 234-241.

[27] Qu Y, Chen Y, Huang J, et al. Enhanced Pix2pix Dehazing Network [C]. IEEE Conference on Computer Vision and Pattern Recognition (CVPR), 2019: 8152-8160.

[28] Chen Z, Wang Y, Yang Y, et al. PSD: Principled Synthetic-to-Real Dehazing Guided by Physical Priors [C]. IEEE Conference on Computer Vision and Pattern Recognition (CVPR), 2021: 7176-7185.

[29] Zhao S, Zhang L, Shen Y, et al. RefineDNet: A Weakly Supervised Refinement Framework for Single Image Dehazing [J]. IEEE Transactions on Image Processing, 2021, 30: 3391-3404.

[30] Li L, Dong Y, Ren W, et al. Semi-Supervised Image Dehazing [J]. IEEE Transactions on Image Processing, 2020, 29: 2766-2779.

[31] Shao Y, Li L, Ren W, et al. Domain Adaptation for Image Dehazing [C]. IEEE Conference on Computer Vision and Pattern Recognition (CVPR), 2020: 2805-2814.

[32] Yang Y, Wang C, Liu R, et al. Self-augmented Unpaired Image Dehazing via Density and Depth Decomposition [C]. IEEE Conference on Computer Vision and Pattern Recognition (CVPR), 2022: 2027-2036.

[33] Vaswani A, Shazeer N, Parmar N, et al. Attention is all You Need [C]. International Conference on Neural Information Processing Systems (NeurIPS), 2017: 6000-6010.

[34] Devlin J, Chang M-W, Lee K, et al. BERT: Pre-training of Deep Bidirectional Transformers for Language Understanding [J]. arXiv, 2018.

[35] Dosovitskiy A, Beyer L, Kolesnikov A, et al. An Image is Worth 16×16 Words: Transformers for Image Recognition at Scale [J]. arXiv, 2021.

[36] Guo C, Yan Q, Anwar S, et al. Image Dehazing Transformer with Transmission-Aware 3D Position Embedding [C]. IEEE Conference on Computer Vision and Pattern Recognition (CVPR), 2022: 5802-5810.

[37] Li B, Ren W, Fu D, et al. Benchmarking Single-Image Dehazing and Beyond [J]. IEEE Transactions on Image Processing, 2019, 28 (1): 492-505.

[38] Zhang Y, Ding L, Sharma G. HazeRD: An Outdoor Scene Dataset and Benchmark for Single Image Dehazing [C]. IEEE International Conference on Image Processing (ICIP), 2017: 3205-3209.

[39] Ancuti C, Ancuti C O, De Vleeschouwer C. D-HAZY: A Dataset to Evaluate Quantitatively Dehazing Algorithms [C]. IEEE International Conference on Image Processing (ICIP), 2016: 2226-2230.

[40] Ancuti C, Ancuti C O, Timofte R, et al. I-HAZE: A Dehazing Benchmark with Real Hazy and Haze-Free Indoor Images [J]. arXiv, 2018.

[41] Ancuti C O, Ancuti C, Timofte R, et al. O-HAZE: A Dehazing Benchmark with Real Hazy and Haze-Free Outdoor Images [C]. IEEE Conference on Computer Vision and Pattern Recognition Workshops (CVPRW), 2018: 867-8678.

[42] 井璐琦. 基于卷积神经网络的图像去雾算法研究 [D]. 西安: 西安电子科技大学, 2021.

[43] Wang Z, Bovik A C, Sheikh H R, et al. Image Quality Assessment: From Error Visibility to Structural Similarity [J]. IEEE Transactions on Image Processing, 2004, 13 (4): 600-612.

第3章 知识蒸馏基本理论

3.1 知识蒸馏的起源

由于卷积神经网络（Convolutional Neural Network，CNN）能够更加丰富细致地提取图像特征，因此其被广泛应用于计算机视觉任务中，但通常而言，获取一个强大的深度学习模型，往往需要增加网络的尺度、深度，或增加更多的参数、资源，以使训练后的模型具有更强的拟合能力，然而对于一些计算资源受限的设备来说，庞大的模型参数量和复杂的网络结构往往是不可接受的，比如早期的LeNet[1]模型只有5层，发展到目前通用的ResNet[2]系列模型已经有152层。伴随着模型的复杂化，模型的参数也在逐渐加大，早期模型参数量通常只有几万，而目前的模型参数动辄几百万，像目前的ChatGPT[3]、stable diffusion[4-6]等大模型甚至达到了几亿至上百亿，这些模型的训练和部署都需要消耗大量的计算资源，且模型很难直接应用在目前较为流行的嵌入式设备和移动设备中，为此一些研究人员开始研究如何在保持模型优秀性能的同时，使其拥有更简单的网络结构和更少的模型参数量，从而使模型能够满足资源受限型设备的低功耗和实时性要求。目前，此类方法主要分为网络模型构建、模型压缩与加速两类。其中：典型的网络模型构建方法包括MoblieNets[7-8]、ShuffleNets[9-10]等；典型的模型压缩与加速方法包括参数剪枝和共享[11]、低秩分解[12]、迁移压缩卷积滤波器[13]和知识蒸馏等。

2006年，Bucilua等[14]首次提出将大模型中蕴含的知识迁移到小模型，这也是知识蒸馏的雏形；2015年，Hinton等[15]正式提出知识蒸馏的概念，知识蒸馏技术作为深度学习领域一个新兴的研究热点，逐渐受到研究者的广泛关注。知识蒸馏技术遵循教师-学生范式，能够将知识从一个较为复杂的教师模型转移到一个较为简单的学生模型，并使学生模型具有更好的性能。这种指导最早来自于教师网络输出的概率向量，学生网络通过将其作为学习目标，以获取教师网络从数据集中学习到的类间关系，这也是最早对知识蒸馏中"知识"的定义；而"蒸馏"则来自于温度参数，它作用于产生概率向量的Softmax层，使得类间关系更加易于学习，在知识蒸馏的训练过程中，温度参数被设置

第3章 知识蒸馏基本理论

为较大的值,而当实际应用学生网络时则不使用温度参数,这就是知识蒸馏的含义。图3-1给出了Hinton等提出的知识蒸馏框架。

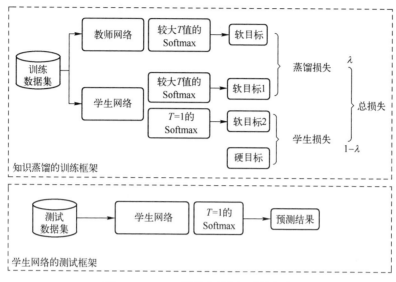

图3-1　Hinton等提出的知识蒸馏框架

传统的知识蒸馏主要应用领域是模型压缩,而随着知识蒸馏技术的快速发展,研究人员同时提出利用知识蒸馏技术实现模型增强[16],以进一步提高算法的性能。模型压缩和模型增强都是将教师模型的知识迁移到学生模型中,所不同的是模型压缩是教师网络在相同的带标签数据集上指导学生网络的训练,以获得简单而高效的网络模型,而模型增强强调利用其他资源(如无标签或跨模态的数据)或知识蒸馏的优化策略(如相互学习和自学习)来提高一个复杂学生模型的性能。

目前,知识蒸馏技术已经广泛应用于行人重识别、目标检测、图像分类、语义分割等多种计算机视觉任务。例如:针对行人重识别领域,Wu等[17]提出了一种多教师自适应的相似度知识蒸馏框架,该算法将知识从多个教师模型转移到用户指定的轻量级学生模型,并通过集成自适应知识聚合有效提升了算法的性能;针对目标检测领域,Wang[18]等结合知识蒸馏提出了一种利用跨位置特征差异的细粒度特征模仿方法,该方法主要用于提高目标检测器的性能;针对图像分类领域,Romero等[19]提出了训练一个更深更窄的学生网络,以改善学生网络的训练过程和最终表现;考虑到语义分割是一种结构化预测问题,Liu等[20]提出了结构知识蒸馏来有效提升算法的性能。相比之下,知识蒸馏却很少应用于图像恢复任务[21-23]中,例如:Hong等[22]提出了一种基于异构任务模仿的知识蒸馏去雾网络,该算法将图像异构任务所蕴含的知识进行迁移,有效提升了网络在真实场景中的去雾性能;Wu 等[23]通过将清晰图像所蕴含的知识进行蒸馏来指导学生网络的训练,从而提高去雾效果;何涛等[24]将知识蒸馏应用于生成对抗网络,提出了一种基于知识蒸馏的图像去雾算法,该算法通过简单的单向知识迁移来提高轻型学生网络的去雾性能。

文献[25]将知识蒸馏的发展历程划分为三个时期,即初创期、发展期和繁荣期。其中:在初创期,知识蒸馏从输出层逐渐过渡到中间层,这时期知识的形式相对简单,以 Hinton 的工作为代表;到了发展期,知识的形式逐渐丰富、多元,不再局限于单一的节点,包括中间特征、输出特征、结构特征和关系特征,此外知识的蒸馏形式方式也变得多样;在 2019 年前后,知识蒸馏进入繁荣期,逐渐吸引了深度学习各个领域研究人员的目光,使其应用得到了广泛拓展,比如在模型应用上逐渐结合了跨模态、跨领域、持续学习等,在与其他领域交叉过程中又逐渐结合了对抗学习、强化学习、元学习、自监督学习等,特别是 ChatGPT 的横空出世,将知识蒸馏的发展带入了一个全新的高度。在大模型繁荣发展的今天,各行各业都在打造自己的大模型,然而训练一个大模型绝非一朝一夕之事,因此对于计算资源有限的普通人来说,知识蒸馏无疑是一种极佳的解决方案[26]。

3.2　知识的形式

知识蒸馏的实质是教师网络将自己学习到的知识传输给学生网络,于是"什么是知识"这一问题成为研究重点之一。传统知识蒸馏使用教师网络的输出作为知识来源,这种知识形式存在一个显著的缺陷,即包含的信息量十分有限。对于知识蒸馏而言,除了网络输出中隐式包含的有限信息以外,还有更多信息可以从神经网络内部提取出来。

文献[27]将知识的形式分为输出特征知识、中间特征知识、关系特征知识和结构特征知识四类。

3.2.1　输出特征知识

从神经网络内部提取信息相当于让学生网络学习教师网络"思考"的过程,对于这个思路最直接的想法就是选取学生网络和教师网络的输出特征进行匹配,使得学生网络输出的结果接近于教师网络输出的结果。鉴于 Hinton 等最早提出的知识蒸馏方法就属于此类,且用于图像分类任务,故输出特征知识又称为标签知识。此外,由于经过"蒸馏温度"调节后的软标签中具有很多不确定信息,通常的研究[28,29]认为这其中反映了样本间的相似度或干扰性、样本预测的难度,因此标签知识又被称为"暗知识"。图 3-2 所示为典型的输出特征知识蒸馏流程示意图。

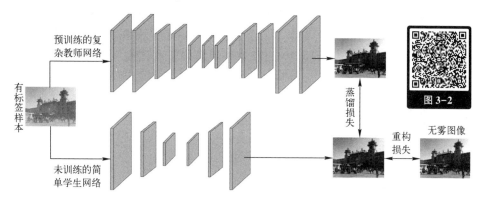

图 3-2 输出特征知识蒸馏流程示意

使用标签知识蒸馏学习最大的优势在于,它无须关注神经网络模型的内在结构或特征表达,而是直接利用模型对样本的预测输出,这无论是在一般的有监督学习任务中,还是在跨领域、跨模态的学习任务中,甚至在多模型学习、自蒸馏、自监督学习等特殊场景中,都是非常简便有效的方式,并且输出特征知识蒸馏可以与其他的蒸馏学习方式组合使用,不需要任何额外的设计。

此外,虽然标签知识通常提供的信息十分有限且有相对的不确定性,但它仍然是基础蒸馏方法研究的重点和热点之一,主要原因在于其与传统的伪标签学习[30]或自训练[31-32]方法有着密切的联系,这实际上为半监督学习开辟了新的道路。

3.2.2 中间特征知识

输出特征知识蒸馏主要是学生网络在深层次的特征上对教师进行学习,然而在网络的训练过程中,浅层网络以及网络的中间特征同样对学生的指导具有重要意义。从某种程度上看,如果教师网络较深,那么仅学习教师的输出特征知识就不足以获得优秀的学生模型,为此研究人员对教师模型的中间特征知识进行学习,以解决教师和学生模型在容量之间存在的"代沟"(Gap)问题,其主要思想是从教师中间的网络层中提取特征来充当学生模型中间层输出的提示,这一过程称为中间特征的知识蒸馏,它不仅需要利用教师模型的输出特征知识,还需要使用教师模型隐含层中的特征图知识。

最早使用教师模型中间特征知识的是 FitNet[33],其主要思想是促使学生隐含层能预测出与教师隐含层相近的输出,如图 3-3 所示。Gao 等[34]对上述过程进行了改进,其采用渐进形式让学生网络以提示层的形式逐层学习教师网络的特征图,从而获得更为全面的监督;Zhi 等[35]将这种中间层特征图匹配的方式改为两阶段的形式,即首先将教师网络的浅层部分和学生网络的深层部分连接起来,起到高维信息学习的效果,之后完整地对学生网络进行蒸馏训练;类似地,Zhou 等[36]也尝试让教师网络和学生网络共享浅层网络结构。

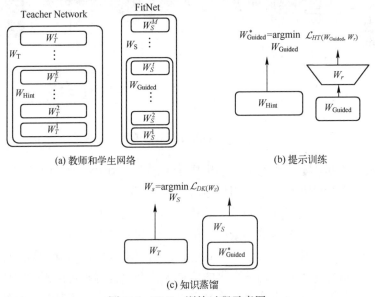

图 3-3 FitNet 训练过程示意图

3.2.3 关系特征知识

关系特征指的是教师模型不同层和不同数据样本之间的关系知识。关系特征知识蒸馏认为学习的本质不是特征输出的结果,而是层与层之间和样本数据之间的关系,其重点是提供一个恒等关系映射,使得学生模型能够更好地学习教师模型的关系知识,例如分别构建教师和学生特征层之间关系矩阵的 FSP 算法[37]、分别构建相同批次(Batch)内教师和学生各样本特征之间关系矩阵的 RKD[38]算法,二者均计算关系矩阵的差异损失。其中:FSP 算法通过模仿教师生成的 FSP 矩阵来实施对学生模型训练的指导,具体分为两阶段训练,第一阶段最小化师生间的 FSP 矩阵距离,以使学生能学习到教师模型层间的关系知识,第二阶段使用正常的分类损失来优化学生模型。通常 FSP 矩阵测量网络间的关系特征,而后续工作更强调样本的关系知识。图 3-4 所示为 FSP 算法的核心思想示意图。

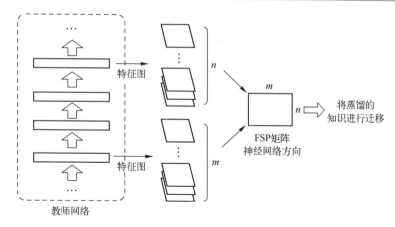

图 3-4 FSP 算法示意

相比较而言，RKD 算法的核心是以多个教师模型的输出为结构单元，取代传统蒸馏学习中以单个教师模型输出为检测的方式，利用多输出组合成结构单元，更能体现出教师模型的结构化特征，从而使得学生模型得到更好的指导。图 3-5 所示为 RKD 算法示意图。

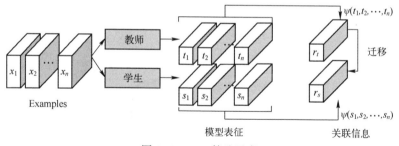

图 3-5 RKD 算法示意

3.2.4 结构特征知识

结构特征知识是教师模型的完整知识体系，不仅包括教师的输出特征知识、中间特征知识和关系特征知识，还包括教师模型的区域特征分布等知识。结构特征知识蒸馏是以互补的形式，利用多种知识来促使学生预测能包含和教师一样丰富的结构知识。需要指出的是，不同工作构成结构化特征知识的成分是不同的，比如结合样本特征、样本间关系和特征空间变换作为结构化的知识[39]，将成对像素的关系和像素间的整体知识作为结构化知识[40]，以及由输出特征、中间特征和全局预测特征组成的结构化知识[41]等。

结构化知识的构建对知识的具体位置没有严格要求，可以是模型输出层的类别，也可以是中间层特征，且模型对样本之间的差异度量建立在结构化知识之上，而对于同一种结构化知识的差异度量方式通常可以有多种选择。采用样本间关系度量的结构化知识蒸馏可以很好地突破同构、异构蒸馏的限制，所得到的知识矩阵只和批训练中的样本数量有关，而与模型中间层特征的通道、大小等属性没有关联。

目前结构化知识蒸馏还停留在基础阶段，在线学习、互学习、多模型学习等方向还缺少与结构化知识蒸馏的深度结合，特别是在人体姿态估计、语义分割、多目标检测等高级视觉任务，以及自然语言处理、推荐系统等领域，十分需要对结构化信息进行提取和迁移。图 3-6 所示为采用结构化知识特征进行语义分割示意图[20]。

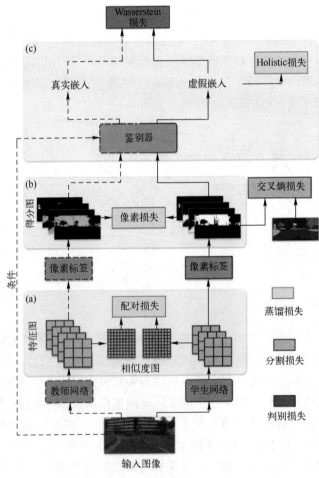

图 3-6　结构化知识蒸馏用于语义分割示意

3.3 知识蒸馏的方式

通常情况下，根据蒸馏方式知识蒸馏可分为三种[42]：离线蒸馏、在线蒸馏和自蒸馏。离线蒸馏方式一般分为两个阶段：首先教师网络进行训练，得到预训练的教师模型；其次教师模型将提取到的知识传递到学生网络进行训练，得到学生模型。不难看出，离线蒸馏方式采用单向的知识迁移形式，较为简单且容易实现，能够在保证学生网络性能的同时有效减少模型的复杂程度，但在离线蒸馏过程中，学生模型的性能在很大程度上依赖于教师模型，且一个性能强大的教师模型往往很难获得，其训练的时间成本较高。不同于离线蒸馏方式，在线蒸馏方式[43]整个过程只有一个阶段，其教师模型和学生模型同步进行更新，即在线蒸馏方式不需要一个预训练的教师模型，而是通过学生网络之间的相互学习来建立一个强大的教师网络，其对教师模型的依赖较小，但教师模型和学生模型之间的关系是决定网络性能的关键。在自蒸馏方式中，教师网络和学生网络也是同一个网络，其使用深层网络的知识来指导浅层网络[44]的训练，同时也有研究人员使用训练过程中早期训练的网络监督当前训练的网络[45]，因此从某种意义上说，自蒸馏方式是在线蒸馏方式的一个特例。图3-7给出了上述三种蒸馏方式的示意图。

图 3-7 不同蒸馏方式示意

3.3.1 离线蒸馏

离线蒸馏是学生模型基于预训练好的、参数固定的教师模型进行蒸馏学习。在蒸馏学习过程中，教师模型只进行推理，其参数被固定，学生模型每个训练周期都从教师模型获得固定不变的知识。通常离线蒸馏可以理解为知识渊博的老师给学生传授知识。

早期的知识蒸馏方式都属于离线蒸馏，它将一个预训练好教师模型的知识迁移到学生网络，这一过程通常包括两个阶段：第一阶段在蒸馏前，教师网络在训练集上进行训练；第二阶段教师网络通过logits层信息或中间层信息提取知识，从而引导学生网络进行训练。通常不把第一个阶段当作知识蒸馏的一部分，因为默认教师网络本身已经训练好。

离线蒸馏的优点是实现起来比较简单，形式上通常是单向的知识迁移，即从教师网络到学生网络，同时需要训练教师网络和知识蒸馏这两个阶段的训练。其缺点是教师网络通常比较庞大、模型复杂，且需要大量的训练时间；需要注意教师网络和学生网络之间的差异，当差异过大的时候，学生网络可能很难学习好这些知识；离线蒸馏不能保证教师模型与学生模型的学习过程相匹配，也不能根据学生模型的学习状态实时调整教师模型的知识提炼过程，如果训练完备的教师模型和学生模型的预测性能差距很大，则会影响学生模型在初始阶段的学习。

3.3.2 在线蒸馏

不同于离线蒸馏中预训练完备的教师模型在蒸馏阶段只进行推理，每个阶段输出固定不变的知识，在线蒸馏过程中，教师模型与学生模型会同步更新参数，且所传输知识在每个阶段也都会不断更新。在线蒸馏的典型方式有互学习、共享学习和协同学习。

1. 互学习

互学习的特点是将两个或多个学生模型一起训练，并将他们的输出知识作为互相之间的学习目标。例如：Zhang 等[46]提出两个学生模型之间互相学习，共同提高学习效果，并且还扩展到多个学生模型互学习的场景；Chen 等[47]通过两级蒸馏实现多样的同伴来共同学习，其在一级蒸馏过程中提取各个模型的高维特征和 logits，通过注意力机制，按照权重重新提取特征和 logits，并传递给各个学生，在第二级蒸馏将各个学生的知识传递给组长，并用作最后的模型。

2. 共享学习

不同于互学习，共享学习在多个训练模型中需要通过构建教师模型来收集和汇总知识，并将知识反馈给各个模型，以达到知识共享的目的。例如：Lan 等[48]提出通过添加多个分支来重新配置网络，这些分支和目标网络共享低级层，每个分支构成一个单独的模型，它们的集合用于构建教师模型，教师模型会在训练过程中实时收集知识，然后这些知识被提取并反馈给各个分支，从而以闭环的形式加强模型学习；Xie 等[49]也提出了类似的架构，通过简易的网络来实现卷积，而后在在线蒸馏的过程中将多个网络并联起来训练提取特征，并将特征融合用于构建一个强大的教师模型。

3. 协同学习

协同学习是近年刚刚兴起的一个研究主题，其概念类似于互学习，主要是在任务上训练多个独立的分支后实现知识集成与迁移，并实现学生的同时更新。例如：Song 等[50]引入了协同学习，其在相同的训练数据上同时训练多个分类器，以提高泛化性能和对标签噪声的鲁棒性；Guo 等[51]提出了一种基于协同学习的高效在线知识提炼方法，该方法能够持续提高具有不同学习能力的深度神经网络的泛化能力；Guan 等[52]将协同学习方法应用到 StyleGAN[53]上，提出了一个新的学习框架，该框架由一个高效的嵌入网络和一个基于优化的迭代器构成，随着训练的进行，嵌入网络对迭代器的隐藏码给出了合理的初始化，且迭代器更新的隐藏码反过来监督嵌入网络，最后通过一次前向传递可以有效地获得高质量的隐藏码。

需要指出的是，相比于离线蒸馏方式，在线蒸馏能够针对不同任务在没有预训练模型的情况下实现知识学习和蒸馏，有助于各个模型在互相学习的过程中调整自身训练和更新贡献的知识，从而更好地实现优势互补，对于多任务学习等特殊场景具有很大优势，但在线学习最大的挑战在于在线模型数量的增加，会造成计算资源的消耗，其本身对于模型压缩意义不大，更适合用于知识融合或在多模态、跨领域等场景中发挥价值。

3.3.3 自蒸馏

自蒸馏是指不通过新增一个大模型的方式找到一个教师模型，同样可以给学生模型提供有效增益信息，这里的教师模型往往不会比学生模型复杂，但提供的增益信息对于学生模型是有效的增量信息，可提升学生模型效率，该方式可以避免使用更复杂的模型，也可以避免通过一些聚类或者是元计算的步骤生成伪标签。自蒸馏意味着学生自己学习自己的知识，在自蒸馏中，教师和学生模型使用相同的网络，即自蒸馏可以看作在线蒸馏的一种特殊情况，因为教师网络和学生网络使用的是相同的模型。

自蒸馏通常分为两类：一类是使用不同样本信息进行相互蒸馏，其他样本的软标签可以避免网络过拟合，甚至能通过最小化不同样本间的预测分布来提高网络性能；另一类是单个网络的网络层间进行自蒸馏，通常的做法是使用深层网络的特征指导浅层网络的学习。

3.4 知识蒸馏的应用

知识蒸馏的最初目的是压缩深度学习网络模型，这在资源受限的终端设备上具有广泛的应用，但随着研究不断有了新进展，知识蒸馏不仅可以用于压缩模型，还可以通过神经网络的互学习、自学习等优化策略以及无标签、跨模态等数据资源增强模型的性能。目前知识蒸馏的主要应用领域有计算机视觉、自然语言处理、语音识别、推荐系统、信息安全、多模态数据和金融证券等。

此外，根据知识蒸馏应用目的不同又可将其分为模型压缩和模型增强，其中：模型压缩是为了获得简单而高效的网络模型，以方便部署于资源受限的设备；而模型增强通常是利用其他资源（如无标签或跨模态的数据）来获取复杂的高性能网络。

3.4.1　模型压缩

知识蒸馏技术在深度估计、密集预测和低分辨率网络中具有非常广泛的应用。

1. 深度估计

深度估计是指通过计算机视觉算法推测出场景中各个物体的距离信息，它在三维重构、自动驾驶和姿势估计等领域具有重要的作用。在传统的双目视觉系统中，通过计算两个摄像头之间的视差，可以推断出物体的深度；而在单目视觉系统中，缺少视差信息使得深度估计变得更加困难。单目深度估计是指仅通过一幅或者一个视角下的 RGB 图像来评估深度，由于成本低和设备便利等优点而受到广泛的关注。虽然单个 RGB 图像可能会有无数个真实的场景，但是人类却能根据自身丰富的经验来推断出单幅图片的场景深度。根据这一基本事实，可以将丰富经验教师模型的知识迁移到单幅 RGB 图像的场景深度估计中。基于知识蒸馏单目深度估计的核心思想是通过利用强大教师模型的知识重构出单幅 RGB 图像的深度。

2. 密集预测

密集预测是指预测出图像中每个像素点的语义标签，如语义分割和目标检测。基于知识蒸馏的密集预测是指将每个像素充当软标签，并对其单独进行知识蒸馏，但是由于需要空间上下文的结构语义，密集预测通常被认为是结构化预测的问题。例如，Chen 等[54]将教师中学习到的场景结构迁移给学生，从而执行道路标记分割任务，其传递的是一个样本中不同区域之间的结构关系。

3. 低分辨率网络

高分辨率的大尺寸图片通常包含着目标更详细的信息，因而可以使深度学习网络获得更好的性能，但是高分辨率图片在深度学习网络中的计算量和内存量是巨大的，导致在资源受限的边缘计算设备上运行困难，同时在高分辨率图片上训练的网络模型往往无法应用于预测低分辨率的图片,因此使用低分辨率的小尺寸图片作为输入进行网络训练具有广泛的应用价值。借助于知识蒸馏的方法,可以将高分辨率复杂教师模型所学习到的知识迁移到低分辨率的高效学生模型中。例如,Fu 等[55]将教师模型所学习的空间和时间知识迁移到低分辨率的轻量级时空网络中,以执行视频注意预测任务。

3.4.2 模型增强

知识蒸馏在计算机视觉上的应用除了可以获取到高效的网络模型外,还可以通过加入其他知识来提高某个复杂网络的性能。例如:Wang 等[56]提出从动作识别中提取知识用于早期动作预测;Yu 等[57]通过教师模型提供的内部(数据注释)和外部(互联网上的公共文本)语言知识来指导学生模型的视觉关系识别。此外,也有一些工作关注于利用任务的相关性来实现模型的增强,例如,Dou 等[58]利用共享的跨模态信息来同时提高计算机断层扫描和磁共振成像图像分割的性能。

参 考 文 献

[1] Lecun Y, Bottou L, Bengio Y, et al. Gradient-based Learning Applied to Document Recognition [J]. Proceedings of the IEEE, 1998, 86 (11): 2278-2324.

[2] He K, Zhang X, Ren S, et al. Deep Residual Learning for Image Recognition [C]. IEEE Conference on Computer Vision and Pattern Recognition (CVPR), 2016: 770-778.

[3] Brown T B, Mann B, Ryder N, et al. Language Models are Few-Shot Learners Language Models are Few-shot Learners [C]. International Conference on Neural Information Processing Systems (NeurIPS), 2020: 1877-1901.

[4] Ho J, Jain A, Abbeel P. Denoising Diffusion Probabilistic Models [C]. International Conference on Neural Information Processing Systems (NeurIPS), 2020, 33: 6840-6851.

[5] Rombach R, Blattmann A, Lorenz D, et al. High-Resolution Image Synthesis with Latent Diffusion Models [C]. IEEE Conference on Computer Vision and Pattern Recognition (CVPR), 2022: 10674-10685.

[6] Song J, Meng C, Ermon S. Denoising Diffusion Implicit Models [J]. arXiv, 2022.

[7] Sandler M, Howard A, Zhu M, et al. MobileNetV2: Inverted Residuals and Linear Bottlenecks [C]. IEEE Conference on Computer Vision and Pattern Recognition (CVPR), 2018: 4510-4520.

[8] Howard A G, Zhu M, Chen B, et al. MobileNets: Efficient Convolutional Neural Networks for Mobile Vision Applications [J]. arXiv, 2017.

[9] Ma N, Zhang X, Zheng H-T, et al. ShuffleNet V2: Practical Guidelines for Efficient CNN

Architecture Design [M]. Computer Vision-ECCV 2018. Cham: Springer International Publishing, 2018, 11218: 122-138.

[10] Zhang X, Zhou X, Lin M, et al. ShuffleNet: An Extremely Efficient Convolutional Neural Network for Mobile Devices [C]. IEEE Conference on Computer Vision and Pattern Recognition (CVPR), 2018: 6848-6856.

[11] Han S, Pool J, Tran J, et al. Learning Both Weights and Connections for Efficient Neural Networks [C]. International Conference on Neural Information Processing Systems (NeurIPS), 2015: 1135-1143.

[12] Yu X, Liu T, Wang X, et al. On Compressing Deep Models by Low Rank and Sparse Decomposition [C]. IEEE Conference on Computer Vision and Pattern Recognition (CVPR), 2017: 67-76.

[13] Zhai S, Cheng Y, Lu W, et al. Doubly Convolutional Neural Networks [C]. International Conference on Neural Information Processing Systems (NeurIPS), 2016: 1090-1098.

[14] Bucila C, Caruana R, Niculescu-Mizil A. Model Compression [A]. 2006: 535-541.

[15] Hinton G, Vinyals O, Dean J. Distilling the Knowledge in a Neural Network [J]. Computer Science, 2015, 14 (7): 38-39.

[16] 黄震华, 杨顺志, 林威, 等. 知识蒸馏研究综述 [J]. 计算机学报, 2022, 45 (03): 624-653.

[17] Wu A, Zheng W-S, Guo X, et al. Distilled Person Re-Identification: Towards a More Scalable System [C]. IEEE Conference on Computer Vision and Pattern Recognition (CVPR), 2019: 1187-1196.

[18] Wang T, Yuan L, Zhang X, et al. Distilling Object Detectors With Fine-Grained Feature Imitation [C]. IEEE Conference on Computer Vision and Pattern Recognition (CVPR), 2019: 4928-4937.

[19] Romero A, Ballas N, Kahou S E, et al. FitNets: Hints for Thin Deep Nets [J]. arXiv, 2015.

[20] Liu Y, Chen K, Liu C, et al. Structured Knowledge Distillation for Semantic Segmentation [C]. IEEE Conference on Computer Vision and Pattern Recognition (CVPR), 2019: 2599-2608.

[21] 郭峰, 孙小栋, 朱启兵, 等. 基于知识蒸馏的低分辨率陶瓷基板图像瑕疵检测 [J]. 光学精密工程, 2023, 31 (20): 3065-3076.

[22] Hong M, Xie Y, Li C, et al. Distilling Image Dehazing With Heterogeneous Task Imitation [C]. IEEE Conference on Computer Vision and Pattern Recognition (CVPR), 2020: 3459-3468.

[23] Wu H, Liu J, Xie Y, et al. Knowledge Transfer Dehazing Network for NonHomogeneous Dehazing [C]. IEEE Conference on Computer Vision and Pattern Recognition Workshops (CVPRW), 2020: 1975-1983.

[24] 何涛, 俞舒曼, 徐鹤. 基于条件生成对抗网络与知识蒸馏的单幅图像去雾方法[J]. 计算机工程, 2022, 48(04): 165-172.

[25] 邵仁荣, 刘宇昂, 张伟, 等. 深度学习中知识蒸馏研究综述[J]. 计算机学报, 2022, 45(8): 1638-1673.

[26] Zhang L, Rao A, Agrawala M. Adding Conditional Control to Text-to-Image Diffusion Models[C]. IEEE International Conference on Computer Vision (ICCV), 2023: 3813-3824.

[27] 黄震华, 杨顺志, 林威, 等. 知识蒸馏研究综述[J]. 计算机学报, 2022, 45(3): 624-653.

[28] Phuong M, Lampert C H. Towards Understanding Knowledge Distillation[J]. arXiv, 2021.

[29] Müller R, Kornblith S, Hinton G. When Does Label Smoothing Help?[C]. International Conference on Neural Information Processing Systems (NeurIPS), 2019: 4694-4703.

[30] Lee S H, Kim D H, Song B C. Self-supervised Knowledge Distillation Using Singular Value Decomposition[J]. arXiv, 2018.

[31] Li Y, Huang D, Qin D, et al. Improving Object Detection with Selective Self-supervised Self-training[J]. arXiv, 2020.

[32] Xie Q, Luong M-T, Hovy E, et al. Self-training with Noisy Student Improves ImageNet Classification[J]. arXiv, 2019.

[33] Romero A, Ballas N, Kahou S E, et al. FitNets: Hints for Thin Deep Nets[J]. arXiv, 2015.

[34] Gao M, Shen Y, Li Q, et al. An Embarrassingly Simple Approach for Knowledge Distillation[J]. arXiv, 2019.

[35] Zhang Z, Ning G, He Z. Knowledge Projection for Effective Design of Thinner and Faster Deep Neural Networks[J]. arXiv, 2017.

[36] Zhou G, Fan Y, Cui R, et al. Rocket Launching: A Universal and Efficient Framework for Training Well-performing Light Net[J]. arXiv, 2018.

[37] Yim J, Joo D, Bae J, et al. A Gift from Knowledge Distillation: Fast Optimization, Network Minimization and Transfer Learning[C]. IEEE Conference on Computer Vision and Pattern Recognition (CVPR), 2017: 7130-7138.

[38] Park W, Kim D, Lu Y, et al. Relational Knowledge Distillation[C]. IEEE Conference on Computer Vision and Pattern Recognition (CVPR), 2019: 3962-3971.

[39] Liu Y, Cao J, Li B, et al. Knowledge Distillation via Instance Relationship Graph[C]. IEEE Conference on Computer Vision and Pattern Recognition (CVPR), 2019: 7089-7097.

[40] Liu Y, Shun C, Wang J, et al. Structured Knowledge Distillation for Dense Prediction[J]. arXiv, 2019.

[41] Xu X, Zou Q, Lin X, et al. Integral Knowledge Distillation for Multi-Person Pose Estimation [J]. IEEE Signal Processing Letters, 2020, 27: 436-440.

[42] Gou J, Yu B, Maybank S, et al. Knowledge Distillation: A Survey [J]. International Journal of Computer Vision, 2021, 129 (6): 1789-1819.

[43] Wang L, Yoon K-J. Knowledge Distillation and Student-Teacher Learning for Visual Intelligence: A Review and New Outlooks [J]. IEEE Transactions on Pattern Analysis and Machine Intelligence, 2022, 44 (6): 3048-3068.

[44] Zhang L, Song J, Gao A, et al. Be Your Own Teacher: Improve the Performance of Convolutional Neural Networks via Self Distillation [C]. IEEE International Conference on Computer Vision (ICCV), 2019: 3712-3721.

[45] Yang C, Xie L, Su C, et al. Snapshot Distillation: Teacher-Student Optimization in One Generation [C]. IEEE Conference on Computer Vision and Pattern Recognition (CVPR), 2019: 2854-2863.

[46] Zhang Y, Xiang T, Hospedales T M, et al. Deep Mutual Learning [C]. IEEE Conference on Computer Vision and Pattern Recognition (CVPR), 2018: 4320-4328.

[47] Chen D, Mei J-P, Wang C, et al. Online Knowledge Distillation with Diverse Peers [J]. arXiv, 2019.

[48] Lan X, Zhu X, Gong S. Knowledge Distillation by On-the-Fly Native Ensemble [J]. arXiv, 2018.

[49] Xie J, Lin S, Zhang Y, et al. Training Convolutional Neural Networks with Cheap Convolutions and Online Distillation [J]. arXiv, 2019.

[50] Song G, Chai W. Collaborative Learning for Deep Neural Networks [J]. arXiv, 2018.

[51] Guo Q, Wang X, Wu Y, et al. Online Knowledge Distillation via Collaborative Learning [C]. IEEE Conference on Computer Vision and Pattern Recognition (CVPR), 2020: 11017-11026.

[52] Guan S, Tai Y, Ni B, et al. Collaborative Learning for Faster StyleGAN Embedding [J]. arXiv, 2020.

[53] Karras T, Laine S, Aila T. A Style-Based Generator Architecture for Generative Adversarial Networks [J]. arXiv, 2019.

[54] Chen G, Choi W, Yu X, et al. Learning Efficient Object Detection Models with Knowledge Distillation [C]. International Conference on Neural Information Processing Systems (NeurIPS), 2017: 742-751.

[55] Zhu M, Han K, Zhang C, et al. Low-resolution Visual Recognition via Deep Feature Distillation [C]. IEEE International Conference on Acoustics, Speech and Signal Processing (ICASSP), 2019: 3762-3766.

[56] Wang X, Hu J-F, Lai J-H, et al. Progressive Teacher-Student Learning for Early Action Prediction [C]. IEEE Conference on Computer Vision and Pattern Recognition (CVPR),

2019: 3551-3560.

[57] Yu R, Li A, Morariu V I, et al. Visual Relationship Detection with Internal and External Linguistic Knowledge Distillation [C]. IEEE International Conference on Computer Vision (ICCV), 2017: 1068-1076.

[58] Dou Q, Liu Q, Heng P A, et al. Unpaired Multi-Modal Segmentation via Knowledge Distillation [J]. IEEE Transactions on Medical Imaging, 2020, 39 (7): 2415-2425.

第4章　基于多教师引导的知识蒸馏图像去雾算法

4.1　引　　言

基于先验信息的图像去雾算法利用无雾图像的统计信息估计大气光和透射图，进而利用大气散射模型反演生成去雾图像，在某些场景下，此类算法能够有效去除雾霾并生成纹理清晰的去雾图像。然而，由于先验信息只针对某些特定场景进行设定，其适用范围较小，因此该类算法无法在复杂场景下准确地估计大气光和透射图，并且生成的去雾图像往往导致光晕、伪影、颜色失真等现象。例如，暗通道先验去雾算法会产生明显的块状效应[1]。相比之下，基于深度学习的端到端图像去雾算法直接利用端到端的网络生成去雾图像，虽然此类算生成的去雾图像具有更少的伪影，但由于缺乏真实有雾数据集进行训练，因此往往仅在合成有雾图像上去雾效果较好。

基于上述分析不难发现，基于先验信息的图像去雾算法在恢复图像的可见度、对比度、纹理结构等方面具有优势，而端到端的图像去雾算法在提高图像的真实性、颜色保真度等方面效果较好。图4-1所示为几种经典图像去雾算法的结果对比。其中：DCP代表暗通道先验图像去雾算法[2]的结果；NLD代表非局部先验图像去雾算法[3]的结果；MSBDN代表端到端的多尺度增强图像去雾网络[4]的结果。从图中所示结果可知：DCP和NLD这两种基于先验信息的图像去雾算法能够生成对比度高、纹理特征清晰的图像，但是图像的颜色失真较为严重；而端到端的图像去雾算法MSBDN生成的去雾图像颜色保真度较好，但是去雾不彻底。

为进一步提高图像去雾效果，可借鉴知识蒸馏相关理论，通过离线知识蒸馏的方式结合上述两种方法互补的优势，在提升图像去雾效果的同时，避免去雾图像颜色失真等问题。知识蒸馏最初是将单个教师模型学到的知识传递给学生模型，从而使其具有与教师模型相类似的性能，但由于采用单个教师模型对学生网络进行单向知识传递，训练后的学生模型往往会受限于教师模型的性能。为此，研究人员提出了多教师知识蒸馏，即通过对多个教师模型的知识进

第4章 基于多教师引导的知识蒸馏图像去雾算法

行加权或随机选择策略整合多个教师模型的预测结果来提高算法的性能。例如：Shan 等[5]针对知识蒸馏领域大多数工作主要考虑单一教师网络的问题，提出一种训练深度学习网络的方法，该算法不仅通过平均不同教师模型输出的软标签知识来合并教师模型，而且在中间网络层对不同教师模型的不相似性施加约束来训练学生网络；Xiang 等[6]针对长尾数据分类领域，提出了一种新的自节奏知识蒸馏学习，又称多专家学习，该算法提出自适应教师选择和知识选择两个层次的学习策略，将多个教师模型蕴含的知识自适应地传递到学生网络，有效提高了学生网络的性能。

(a) 有雾图像　　　(b) DCP　　　(c) NLD　　　(d) MSBDN

图 4-1　三种经典图像去雾算法结果对比

图 4-1

针对现有图像去雾算法容易导致去雾图像颜色失真等问题，本章采用多教师知识蒸馏方式，融合基于先验信息图像去雾算法和端到端图像去雾算法的互补优势，研究提出了一种基于多教师引导的知识蒸馏图像去雾算法（MGKDN）。该算法首先选择两种预训练的公开发布图像去雾模型（端到端的增强型像素对像素图像去雾网络 EPDN[7]和先验信息引导的真实图像去雾网络 PSD[8]）作为教师模型，然后利用教师模型蕴含的知识指导学生网络的训练。在此基础上，为有效提高学生网络的特征提取能力，本章构建了一个多尺度学生网络，该学生网络通过特征注意残差密集块 FARDB 有效提取了图像的全局和局部特征。此外，考虑到图像去雾旨在增强图像的高频分量并抑制图像的低频分量，本章还提出了一种基于离散小波变换（Discrete Wavelet Transform，

DWT)的频域损失函数[9]来训练学生网络，从而进一步提高了算法性能。

4.2 基于多教师引导的知识蒸馏图像去雾网络

如图4-2所示，本章所提基于多教师引导的知识蒸馏图像去雾网络可分为教师网络和学生网络两部分。

4.2.1 教师网络

教师网络由预训练的EPDN[7]和PSD[8]组成，其中EPDN是一种端到端的图像翻译网络，图4-3所示为EPDN的网络结构。在训练阶段，G1和G2分别作为全局子生成器（Global Sub-generator）和局部子生成器（Local Sub-generator），并通过下采样和特征融合生成去雾图像；然后局部子生成器G2生成的去雾图像作为伪标签与多尺度鉴别器（Discriminator）进行对抗训练，从而提高生成器的性能；最后使用增强块（Enhancer）对提取的特征进行增强，并生成最终的去雾图像。对于训练后的模型，EPDN网络将多尺度鉴别器进行删减，此时输入的有雾图像直接通过生成器和增强块生成去雾图像。

如图4-4所示，PSD是一种先验信息引导的图像去雾网络，该算法首先以预训练的特征融合注意网络FFA[10]为主体并对其进行修改，并通过增加一个物理兼容块使网络能够同时生成去雾图像、大气光和透射图；然后利用一个由多种先验信息组成的损失来引导网络的精细化训练，从而提升网络的图像去雾性能，这些先验信息包括暗通道先验、亮通道先验[11]和对比限制的自适应直方图均衡化[12]等。PSD图像去雾算法由于采用先验信息对网络进行二次优化，可使训练后的模型显著改善去雾图像的颜色对比度和亮度。

4.2.2 学生网络

在提取图像特征时，通常图像的局部特征主要反映图像的纹理和结构信息，用于增强图像的对比度、降低雾的影响，并生成清晰的纹理细节特征；而图像的全局特征主要反映图像的色彩与轮廓信息，用于恢复原始图像的视觉效果和颜色保真度。此外，相比于单尺度网络，多尺度网络可以同时提取图像的全局特征和局部特征，因此其学习能力更强，且生成的去雾图像质量更好。

基于上述分析，本章基于U-Net网络[13]构建了一个多尺度网络，并将其作为学生网络用于有效提取图像特征。如图4-2所示，本章所提多尺度网络首先使用两个卷积将图像特征大小由$3 \times H \times W$变为$32 \times H \times W$，其中每个卷积后面都使用一个实例归一化层[14]（Instance Normalization，IN）和一个ReLU

第4章 基于多教师引导的知识蒸馏图像去雾算法

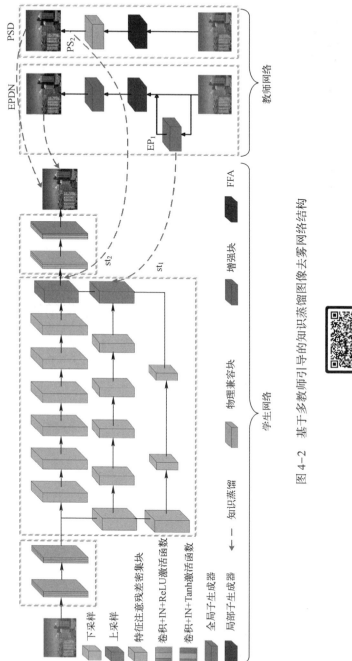

图 4-2 基于多教师引导的知识蒸馏图像去雾网络结构

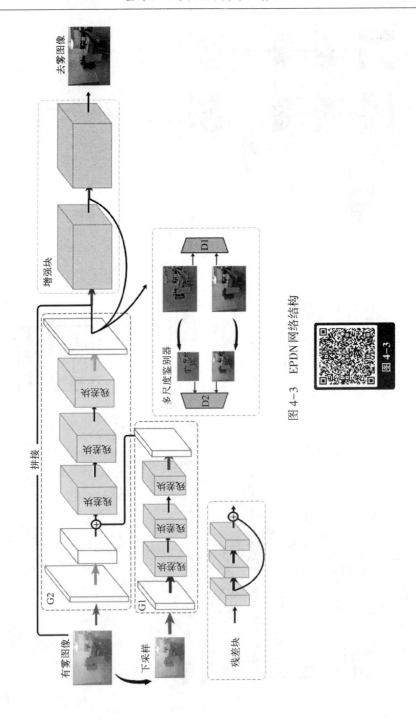

图 4-3　EPDN 网络结构

第4章 基于多教师引导的知识蒸馏图像去雾算法

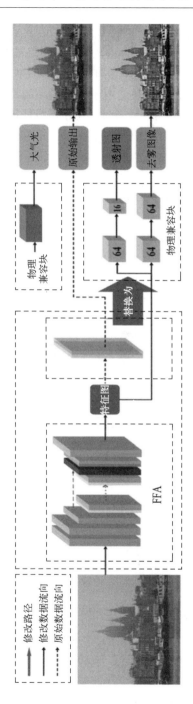

图 4-4 PSD 网络结构

激活函数[15];然后采用最近邻下采样对特征进行 2 倍和 4 倍下采样,并分别在三个尺度上进行图像特征提取。此外,为有效增强学生网络的特征提取能力,本章设计了特征注意残差密集块 FARDB 作为跳连接,以使网络能够更加有效地关注图像中的有雾区域。需要指出的是,由于原始大小的特征具有更多的信息,本章在三个尺度上分别使用 6、4 和 2 个 FARDB 进行特征提取。

FARDB 的网络结构如图 4-5 所示。FARDB 的输入 F_{in} 首先经过卷积核大小为 3×3 的卷积和 ReLU 激活函数进行初始特征提取,从而得到预处理特征 F_{pre};然后将 F_{pre} 分为两个分支,其中分支一经过一个卷积核大小为 3×3 的卷积和 Sigmoid 激活函数,生成空间权重图 F_s,而分支二经过一个卷积核大小为 1×1 的卷积和残差密集块继续进行特征提取;最后经过残差密集块提取的特征和空间权重图 F_s 进行像素级相乘,再与预处理特征 F_{pre} 进行像素级相加,从而生成中间特征 F_{mid}。上述过程可表示为

$$F_{mid} = (F_s \otimes RDB(F_{pre})) \oplus F_{pre} \tag{4-1}$$

式中:RDB 代表采用残差密集块进行特征提取。

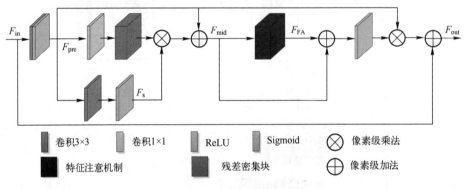

图 4-5 FARDB 网络结构示意

图 4-5

如图 4-6 所示,残差密集块[16]由 5 个卷积组成。其中:前 4 个卷积的卷积核大小为 3×3,且在每个卷积后使用一个 ReLU 激活函数;最后 1 个卷积的卷积核大小为 1×1,但无激活函数。该残差密集块能够有效结合残差结构和密集连接结构的优势,在提取图像边缘和纹理信息的同时,能够防止浅层信息在传播过程中的丢失。

第4章 基于多教师引导的知识蒸馏图像去雾算法

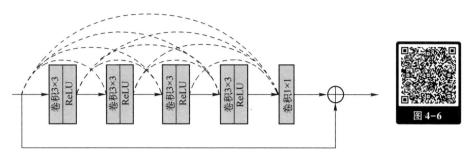

图 4-6 残差密集块结构示意图

为进一步提高算法在不同场景下的去雾能力，FARDB 对生成的中间特征 F_{mid} 进行加权处理，通过使用特征注意机制[17]，生成的特征 F_{FA} 能够对图像上雾浓度不同的区域赋予不同的权重，从而提高 FARDB 的特征提取能力。最后，F_{FA} 经过一个 Sigmoid 激活函数进行归一化，使其值变化为 $[0,1]$ 的范围，进而与 F_{pre} 进行像素相乘，此时加权后的特征与 F_{in} 进行残差连接就可得到 FARDB 的输出 F_{out}。上述过程可表示为

$$F_{out} = (\delta(F_{FA}) \otimes F_{pre}) \oplus F_{in} \tag{4-2}$$

$$F_{FA} = F_{mid} \oplus (FA(F_{mid})) \tag{4-3}$$

式中：F_{out} 代表 FARDB 的输出；F_{FA} 代表特征注意机制提取的特征；δ 代表 Sigmoid 激活函数；F_{pre} 代表经过初始提取后的预处理特征；F_{in} 代表 FARDB 的输入。

4.2.3 蒸馏方式

图像去雾是一种像素级图像恢复任务。本章将教师模型生成的去雾图像作为知识直接对学生网络的输出进行监督，从而实现知识蒸馏；此外，教师模型学习到的中间特征知识往往也包含着重要的信息，因此中间特征知识蒸馏[18-20]也被广泛应用于各种深度学习任务中。基于上述分析，本文结合输出知识蒸馏和中间特征知识蒸馏的优势，从而使学生网络生成的去雾图像能够无限接近并优于教师模型生成的去雾图像。如图 4-2 所示，绿色虚线箭头代表教师模型到学生网络的单向知识蒸馏，算法首先选择在 EPDN 的全局生成器和采样倍数为 2 的学生网络之间加入中间特征知识蒸馏，然后在 PSD 的物理兼容块和采样倍数为 1 的学生网络之间加入中间特征知识蒸馏，最后在 EPDN 的输出结果、PSD 的输出结果和学生网络的输出结果之间加入输出特征知识蒸馏，从而有效约束学生网络的训练。

4.3 损失函数设计

为实现教师模型到学生网络之间的知识蒸馏，本章算法通过建立一个损失函数来约束学生模型的训练：

$$L_{loss} = \lambda_1 L_{dist} + \lambda_2 L_{per} + \lambda_3 L_{SSIM} + \lambda_4 L_f \tag{4-4}$$

式中：L_{loss} 代表总损失；L_{dist} 代表蒸馏损失；L_{per} 代表感知损失；L_{SSIM} 代表结构相似度（Structural Similarity，SSIM）损失；L_f 代表频域损失；λ_1、λ_2、λ_3 和 λ_4 代表损失权重，分别设置为1、0.4、0.4和0.4。

图像去雾作为一种像素级图像恢复任务，采用像素级损失可快速匹配有雾图像和无雾图像之间的特征分布，且与L2损失（均方误差）不同，L1损失（标准差误差）能够更稳定地加速网络训练。基于此，本章算法在教师模型和学生模型之间加入L1损失，并将其作为蒸馏损失来指导学生网络的训练，该损失可表示为

$$L_{dist} = \|st_1 - EP_1\| + \|st_2 - PS_2\| + \|out - out_{EP}\| + \|out - out_{PS}\| \tag{4-5}$$

式中：st_1 和 st_2 分别代表学生网络采样倍数为1和2的中间特征；EP_1 代表EPDN全局生成器生成的中间特征，PS_2 代表PSD物理兼容块生成的中间特征，如图4-2所示；out、out_{EP} 和 out_{PS} 分别代表学生网络、EPDN和PSD的输出特征。

感知损失能够理解图像的语义信息，对于图像纹理信息恢复具有重要作用。通常感知损失利用一个训练好的VGG网络[21]提取图像不同深度的特征，并利用这些特征作为损失来监督目标生成图像。VGG通过使用一系列大小3×3的小尺寸卷积核和pooling层构造深度卷积神经网络，并取得了较好的效果。VGG模型由于结构简单、应用性极强而广受研究者欢迎，尤其是它的网络结构设计方法，为构建深度神经网络提供了方向。

图4-7为VGG的网络结构。VGG网络的设计严格使用3×3的卷积层和池化层来提取特征，并在网络的最后使用三层全连接层，将最后一层全连接层的输出作为分类的预测。在VGG中每层卷积将使用ReLU作为激活函数，在全连接层之后添加dropout来抑制过拟合。通常使用小的卷积核能够有效地减少参数的个数，使得训练和测试变得更加有效，比如使用两层3×3卷积层，可以得到感受野为5的特征图，而比使用5×5的卷积层需要更少的参数。此外，由于卷积核比较小，可以堆叠更多的卷积层，从而加深网络的深度。

在图像去雾任务中，感知损失可通过预训练的VGG网络提取的深度特征来量化去雾图像和无雾图像之间的全局差异。在本章图像去雾算法中，我们使用在ImageNet[22]数据集上训练好的VGG19网络[23]作为损失网络，即：

$$L_{\text{per}} = \sum_{i=1}^{5} \frac{1}{C^i H^i W^i} \| \Phi^i(\text{out}) - \Phi^i(\text{gt}) \| \tag{4-6}$$

式中：Φ^i 代表 VGG19 网络所选取的第 i 层网络对图像的特征提取操作，本章分别取第 2、7、12、21 和 30 层；C^i、H^i 和 W^i 分别代表提取的特征通道数、高度和宽度；gt 代表无雾图像。

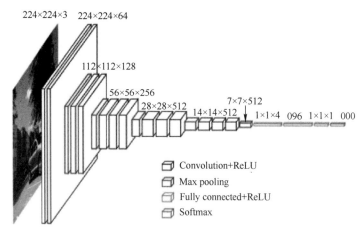

图 4-7 VGG 的网络结构

不同于像素级损失，结构相似度损失 SSIM[24] 作为一种特征级损失，能够评价两幅图像的结构相似程度。基于此，本章算法引入结构相似度损失以使生成的去雾图像纹理更加清晰、视觉效果更好，即

$$L_{\text{SSIM}} = -\text{SSIM}(\text{out}, \text{gt}) \tag{4-7}$$

在雾霾条件下，图像的边缘细节、精细纹理等高频特征会显著降低，且真实有雾图像上的雾霾分布往往不均匀，这同样会导致算法在去雾过程中容易丢失高频细节。基于此，本章还设计了一种基于二维 DWT 的频域损失，以使模型减少图像去雾过程中的高频分量丢失，进一步提升图像去雾效果。通过使用 DWT 频域损失，可得到学生输出特征以及无雾图像的高频和低频分量，然后加入 L1 损失对其进行量化。DWT 频域损失可表示为

$$L_{\text{f}} = \| \text{DWT}(\text{out}) - \text{DWT}(\text{gt}) \| \tag{4-8}$$

式中：DWT 代表二维离散小波变换。

图像的二维离散小波分解和重构过程如图 4-8 所示。分解过程可描述为：首先对图像的每一行进行 1D-DWT，获得原始图像在水平方向上的低频分量 L 和高频分量 H，然后对变换所得数据的每一列进行 1D-DWT，获得原始图像在水平和垂直方向上的低频分量 LL、水平方向上的低频和垂直方向上的高频

LH、水平方向上的高频和垂直方向上的低频 HL 以及水平和垂直方向上的高频分量 HH。重构过程可描述为：首先对变换结果的每一列进行离散小波逆变换，再对变换所得数据的每一行进行一维离散小波逆变换，即可获得重构图像。图像的小波分解是一个将信号按照低频和有向高频进行分离的过程，分解过程中还可以根据需要对得到的 LL 分量进行进一步的小波分解，直至达到要求。

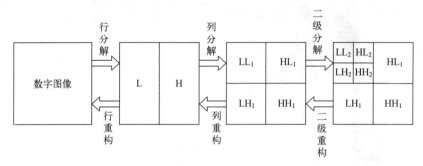

图 4-8 DWT 的分解和重构过程

4.4 实验设置与结果分析

4.4.1 实验设置

本章算法采用一台 PC 进行模型训练和测试，其 CPU 为 Intel Core i9-7900X，主频为 3.30GHz，内存为 64GB，GPU 为一张 NVIDIA RTX 3080Ti 显卡。所有实验均在 PyTorch 深度学习框架下设计和实现。在训练过程中，随机裁剪训练图像为 256×256，批处理大小设置为 4，训练 30 个回合；采用衰减系数为默认值的 Adam 优化器[25]来加速训练进程；初始学习率设置为 0.001，并且每 5 个回合降为原来的一半。本章所提算法在真实图像去雾数据集（Realistic Single Image Dehazing, RESIDE）[26]的室内训练集（Indoor Training Set, ITS）上进行训练，并在合成有雾和真实有雾数据集上进行测试，以充分验证本章所提算法在真实有雾场景中的去雾效果和有效性。

4.4.2 结果分析

1. 合成有雾图像实验结果

为验证本章所提算法的有效性，选择在 RESIDE 中的 SOTS 室内外数据集上进行定性和定量比较，对比算法选择 DCP[2]、NLD[3]、DA[27]、EPDN[7]和 PSD[8]。其中：DCP 和 NLD 为基于先验信息的图像去雾算法；其余均为基于

第4章 基于多教师引导的知识蒸馏图像去雾算法

深度学习的图像去雾算法。

图 4-9 为本章算法 MGKDN 与对比算法在 SOTS 室外数据集上的定性对比结果。从图中可以看出：基于先验信息的图像去雾算法 DCP 可以有效对图像进行去雾，但生成的去雾图像会产生严重的颜色畸变，如图 4-9 中图像的天空区域均呈现异常的蓝色，此外相比于无雾图像，该算法生成的去雾图像亮度较暗，严重影响人的视觉感知效果；与 DCP 算法类似，由于单方面假设的先验信息并不适用于所有场景，因此 NLD 算法未能对图像中的天空区域雾霾进行有效去除，且该算法生成的去雾图像产生了不必要的伪影；相比之下，DA 算法生成的去雾图像具有令人满意的视觉效果，但其在某些图像上仍然会造成一定程度的颜色失真；EPDN 算法能够对图像中的雾进行有效去除，但该算法会使生成的去雾图像亮度变暗，对比度下降；与 DA 算法相反，PSD 算法生成的去雾图像具有较高的亮度和对比度，但颜色的过饱和使 PSD 算法生成的去雾图像看起来不真实。与其他算法相比，本章所提算法 MGKDN 结合了基于先验信息图像去雾算法和端到端图像去雾算法的优势，同时利用多尺度学生网络进行知识蒸馏，从而生成了颜色更加自然、纹理更加清晰的高质量去雾图像。

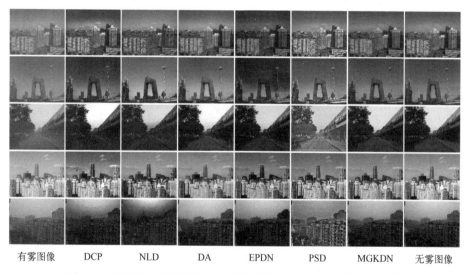

有雾图像　　DCP　　NLD　　DA　　EPDN　　PSD　　MGKDN　　无雾图像

图 4-9　MGKDN 与对比算法在 SOTS 室外数据集中的定性对比结果

图 4-9

为进一步验证本章所提算法的性能，在 SOTS 室内外数据集上将所提算法与其他算法进行定量比较，评价指标选择峰值信噪比 PSNR 和结构相似性度 SSIM。表 4-1 为本章所提算法与对比算法的定量对比结果，其中黑色加粗字体代表该评价指标的最优结果。从表 4-1 中可以看出：在室内数据集上，本章所提算法取得了最优的去雾结果，其峰值信噪比 PSNR 和结构相似度 SSIM 分别为 30.87dB 和 0.982；在室外数据集上，本章所提算法同样取得了最好的图像去雾结果，且与次优算法 DA 相比，所提算法将峰值信噪比 PSNR 从 22.59dB 提高到了 23.57dB，同时将结构相似度 SSIM 从 0.927 提高到了 0.934。上述实验结果表明，本章所提算法 MGKDN 在室内和室外数据集上均能有效去雾。

表 4-1　MGKDN 与对比算法在 SOTS 数据集中的定量对比结果

SOTS	评价指标	DCP	NLD	EPDN	PSD	DA	MGKDN
室内	PSNR	19.95dB	17.29dB	25.09dB	16.32dB	30.32dB	**30.87dB**
	SSIM	0.872	0.801	0.932	0.729	0.981	**0.982**
室外	PSNR	20.44dB	18.11dB	20.32dB	15.15dB	22.59dB	**23.57dB**
	SSIM	0.898	0.871	0.902	0.771	0.927	**0.934**

2. 真实有雾图像实验结果

为进一步验证本章所提算法的性能，将本章所提算法 MGKDN 与对比算法在 URHI 真实有雾数据集上进行比较，实验结果如图 4-10 所示。从实验结果可以看出：DCP 算法倾向于使去雾后的图像亮度变暗，特别是在天空区域会产生伪影，进而影响去雾图像的视觉效果；NLD 算法虽可以有效地对图像进行去雾，但生成的去雾图像存在严重的颜色失真，从而使其视觉效果较差，这进一步表明，由于单方面的先验假设并不能适用于所有场景，基于先验信息的图像去雾算法存在很大的局限性。相比之下，端到端的图像去雾算法不依赖先验信息，而是直接学习有雾图像和无雾图像之间的映射来恢复无雾图像，但由于模型的鲁棒性和特征提取能力的差异，此类算法往往去雾不够彻底，且会生成欠去雾的图像。例如：DA 算法和 EPDN 算法在图像的某些区域仍会造成一定程度的雾残留，且图像的纹理特征不够明显，这两种算法生成的去雾图像表明，端到端的图像去雾算法可以生成颜色自然的去雾图像，但由于网络提取能力和模型鲁棒性的差异，此类算法生成的去雾图像仍存在伪影、颜色失真和残留雾等问题；PSD 算法使用多种先验信息来约束训练后的网络，并对其进行细化调整，其去雾效果具有一定的提升，其生成的去雾图像亮度更亮、对比度更高，然而由于该算法在部分区域增强过度，其生成的去雾图像产生了一定程度的过饱和。相比之下，本章所提算法 MGKDN 通过从多个教师中提取知识，融合了端到端图像去雾算法和基于先验信息图像去雾算法的优点，使模型在有效去雾的同时，能够极大程度上避免去雾过程中产生的去雾图像颜色失真，从而在真实有雾图像上呈现了较好的图像去雾效果。

有雾图像　　DCP　　NLD　　DA　　EPDN　　PSD　　MGKDN

图 4-10　MGKDN 与对比算法在 URHI 数据集中的对比实验结果

3. 消融实验

本章通过消融实验验证了以下关键模块对本章算法的贡献：特征注意残差密集块 FARDB、EPDN 教师模型的知识蒸馏、PSD 教师模型的知识蒸馏和频域损失。对以下变体进行评估：变体 A，本章所提算法未采用特征注意残差密集块 FARDB、知识蒸馏和频域损失；变体 B，本章所提算法未采用知识蒸馏和频域损失；变体 C，本章所提算法未采用 EPDN 教师模型的知识蒸馏和频域损失；变体 D，本章所提算法未采用 PSD 教师模型的知识蒸馏和频域损失；变体 E，本章所提算法未采用频域损失；变体 F，本章所提算法。在 ITS 数据集上将这些变体训练 30 个回合并在 SOTS 室外数据集对其进行测试，对比结果如表 4-2 所示。实验结果表明：上述所提关键模块在 MGKDN 中均有重要作用；此外，从变体 B 和变体 E 的比较结果来看，将多教师模型蕴含的知识对学生网络进行单向传递能够大幅改善图像去雾结果，有效缓解去雾过程中存在的图像颜色失真严重的问题。

表 4-2　MGKDN 在 SOTS 室外数据集中的消融实验结果

评价指标	变体 A	变体 B	变体 C	变体 D	变体 E	变体 F
PSNR	19.73dB	21.25dB	21.36dB	21.70dB	23.28dB	**23.57dB**
SSIM	0.894	0.892	0.889	0.898	0.907	**0.934**

4.5　本章小结

基于先验信息的图像去雾算法能够通过先验信息准确估计透射图和大气光,然后利用大气散射模型反演生成去雾图像,此类算法可以有效恢复图像的纹理细节,但会造成不必要的伪影;端到端的图像去雾算法生成的去雾图像具有较好的颜色保真度,但此类算法往往去雾不够彻底。为了更好地融合上述两种算法的优势,本章提出了一种基于多教师引导的知识蒸馏图像去雾算法。在知识蒸馏过程中,由于教师模型的选取和学生网络的设计会对知识蒸馏效率产生较大影响,为此本章选择图像去雾领域公开发布的去雾模型 EPDN(端到端的图像去雾算法)和 PSD(先验信息引导的图像去雾算法)作为教师模型,并以特征注意残差密集块 FARDB 为基本结构,设计了一个多尺度学生网络来提高特征提取能力。在合成有雾数据集和真实有雾数据集上的实验结果均表明,本章所提算法能够缓解使用先验信息去雾或是模型拟合能力不足而造成的去雾图像颜色失真问题。

参考文献

[1] 梅英杰,宁媛,陈进军.融合暗通道先验和 MSRCR 的分块调节图像增强算法[J].光子学报,2019,48(7):124-135.

[2] He K, Sun J, Tang X. Single Image Haze Removal Using Dark Channel Prior[J]. IEEE Transactions on Pattern Analysis and Machine Intelligence, 2011, 33(12):2341-2353.

[3] Berman D, Treibitz T, Avidan S. Non-local Image Dehazing[C]. IEEE Conference on Computer Vision and Pattern Recognition(CVPR), 2016:1674-1682.

[4] Dong H, Pan J, Xiang L, et al. Multi-Scale Boosted Dehazing Network With Dense Feature Fusion[C]. IEEE Conference on Computer Vision and Pattern Recognition(CVPR), 2020:2154-2164.

[5] You S, Xu C, Xu C, et al. Learning from Multiple Teacher Networks[C]. International Conference on Knowledge Discovery and Data Mining, 2017:1285-1294.

[6] Xiang L, Ding G, Han J. Learning From Multiple Experts: Self‐paced Knowledge Distillation for Long‐Tailed Classification [C]. Computer Vision‐ECCV 2020. Cham: Springer International Publishing, 2020: 247-263.

[7] Qu Y, Chen Y, Huang J, et al. Enhanced Pix2pix Dehazing Network [C]. IEEE Conference on Computer Vision and Pattern Recognition (CVPR), 2019: 8152-8160.

[8] Chen Z, Wang Y, Yang Y, et al. PSD: Principled Synthetic-to-Real Dehazing Guided by Physical Priors [C]. IEEE Conference on Computer Vision and Pattern Recognition (CVPR), 2021: 7176-7185.

[9] Fu M, Liu H, Yu Y, et al. DW-GAN: A Discrete Wavelet Transform GAN for NonHomogeneous Dehazing [C]. IEEE Conference on Computer Vision and Pattern Recognition Workshops (CVPRW), 2021: 203-212.

[10] Qin X, Wang Z, Bai Y, et al. FFA-Net: Feature Fusion Attention Network for Single Image Dehazing [J]. AAAI Conference on Artificial Intelligence, 2020, 34 (7): 11908-11915.

[11] Sun S, Guo X. Image Enhancement Using Bright Channel Prior [C]. 2016 International Conference on Industrial Informatics-Computing Technology, Intelligent Technology, Industrial Information Integration (ICIICII), 2016: 83-86.

[12] Zuiderveld K. Contrast limited adaptive histogram equalization [J]. Graphics gems IV, 1994: 474-485.

[13] Ronneberger O, Fischer P, Brox T. U-Net: Convolutional Networks for Biomedical Image Segmentation [C]. Medical Image Computing and Computer-Assisted Intervention (MICCAI), 2015: 234-241.

[14] Ulyanov D, Vedaldi A, Lempitsky V. Instance Normalization: The Missing Ingredient for Fast Stylization [J]. arXiv, 2017.

[15] Agarap A F. Deep Learning using Rectified Linear Units (ReLU) [J]. arXiv, 2019.

[16] Zhang Y, Tian Y, Kong Y, et al. Residual Dense Network for Image Super‐Resolution [C]. IEEE Conference on Computer Vision and Pattern Recognition (CVPR), 2018: 2472-2481.

[17] Woo S, Park J, Lee J-Y, et al. CBAM: Convolutional Block Attention Module [C]. Computer Vision-ECCV 2018. Cham: Springer International Publishing, 2018: 3-19.

[18] Wu A, Zheng W S, Guo X, et al. Distilled Person Re-Identification: Towards a More Scalable System [C]. IEEE Conference on Computer Vision and Pattern Recognition (CVPR), 2019: 1187-1196.

[19] Wang T, Yuan L, Zhang X, et al. Distilling Object Detectors With Fine-Grained Feature Imitation [C]. IEEE Conference on Computer Vision and Pattern Recognition (CVPR), 2019: 4928-4937.

[20] Liu Y, Chen K, Liu C, et al. Structured Knowledge Distillation for Semantic Segmentation

[C]. IEEE Conference on Computer Vision and Pattern Recognition (CVPR), 2019: 2599-2608.
[21] Simonyan K, Zisserman A. Very Deep Convolutional Networks for Large-Scale Image Recognition [J]. Computer Science, 2014.
[22] Deng J, Dong W, Socher R, et al. ImageNet: A Large-Scale Hierarchical Image Database [C]. IEEE Conference on Computer Vision and Pattern Recognition (CVPR), 2009: 248-255.
[23] Shaha M, Pawar M. Transfer Learning for Image Classification [C]. International Conference on Electronics, Communication and Aerospace Technology (ICECA), 2018: 656-660.
[24] Wang Z, Bovik A C, Sheikh H R, et al. Image Quality Assessment: From Error Visibility to Structural Similarity [J]. IEEE Transactions on Image Processing, 2004, 13 (4): 600-612.
[25] Kingma D P, Ba J. Adam: A Method for Stochastic Optimization [J]. arXiv, 2017.
[26] Li B, Ren W, Fu D, et al. Benchmarking Single-Image Dehazing and Beyond [J]. IEEE Transactions on Image Processing, 2019, 28 (1): 492-505.
[27] Shao Y, Li L, Ren W, et al. Domain Adaptation for Image Dehazing [C]. IEEE Conference on Computer Vision and Pattern Recognition (CVPR), 2020: 2805-2814.

第5章 基于多先验引导的知识蒸馏图像去雾算法

5.1 引 言

本书第4章提出了一种基于多教师引导的知识蒸馏图像去雾算法,该算法将图像去雾领域公开发布的模型 EPDN 和 PSD 作为教师网络,并将其蕴含的知识以输出结果和中间特征的形式单向传递到多尺度学生网络,从而结合上述两种图像去雾算法的优点,有效缓解了图像去雾产生的伪影、颜色失真等问题。然而,本书第4章所提算法所选教师网络均为预训练的教师网络(其中 EPDN 为端到端的去雾网络,PSD 为利用先验信息进行训练的去雾网络),并非直接利用先验信息。最近研究文献表明[1-3],在无先验信息引导的图像去雾算法中,模型缺乏对真实雾霾特征的感知能力,导致图像去雾网络的训练效果有限,为此如何利用底层先验知识引导网络的训练过程,进而提升算法在真实场景中的图像去雾能力,具有极其重要的研究意义。

本章在第4章算法的基础上,通过对底层图像增强任务特点进行深入分析,提出了一种多先验引导的知识蒸馏图像去雾算法。该方法利用先验信息得到的伪标签(伪清晰图像)来预训练两个图像去雾模型,并采用知识蒸馏方式,从特征层面引导端到端去雾网络的训练过程,从而得到一个融合多底层任务先验知识的图像去雾网络。该方法可有效结合传统图像增强算法在真实场景中去雾效果好的优点,同时通过监督训练抑制上述传统算法产生的色差与伪影,解决现有图像去雾算法在真实场景中去雾效果大幅降低的问题。

5.2 基于多先验引导的知识蒸馏图像去雾网络

如图 5-1 所示,考虑到暗通道先验[4](DCP)和非局部先验去雾[5](NLD)在真实场景中具有良好的去雾效果,本章采用这两种基于先验的方法对图像进行去霾,并将其作为伪标签对两个教师网络进行预训练。在学生网络的训练过程中,算法同时采用了特征级损失和像素级损失来指导网络优化,从而帮助学生网络在真实场景中实现良好的去雾效果。

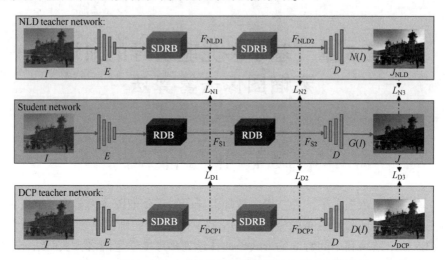

图 5-1　基于多先验引导的知识蒸馏图像去雾网络结构图

图 5-1

5.2.1　教师网络

DCP 和 NLD 教师网络的结构相同，都是基于经典的编码器—解码器方法。需要注意的是，在卷积神经网络中，编码器—解码器结构并不是某一种特定的结构。对于图像任务来说，图像先经过卷积层，然后经过线性层，最终输出分类结果，其中卷积层用于特征提取，而线性层用于结果预测。从另一个角度来看，可以把特征提取看成一个编码器，将原始的图像编码成有利于机器学习的中间表达形式，而解码器就是把中间表示转换成另一种表达形式。图 5-2 为卷积神经网络中广义的编码器—解码器结构。图 5-3 为递归神经网络中的编码器—解码器结构。

常见的编码器—解码器结构包括自编码器[6]（autoencoder）、变分自编码器[7]（Variational Autoencoder，VAE）和生成对抗网络[8]（Generative Adversarial Network，GAN）。其中：自编码器通常由编码器和解码器两部分组成，编码器将原始数据映射到一个低维度的编码空间，而解码器将编码空间中的向量映射回原始数据空间，自编码器通过在训练过程中最小化重构误差，可以学习到有

第 5 章 基于多先验引导的知识蒸馏图像去雾算法

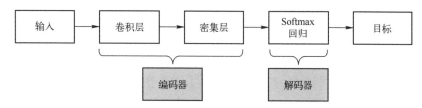

图 5-2 卷积神经网络中广义的编码器—解码器结构

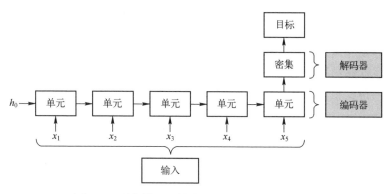

图 5-3 递归神经网络中的编码器—解码器结构

效的数据表示;变分自编码器在自编码器的基础上,利用了概率模型的思想,通过学习数据的分布生成新的数据,不仅可以学习到数据的特征表示,还可以对新数据进行生成和采样;生成对抗网络由生成器和判别器组成,其中生成器通过学习生成与真实数据相似的样本,而判别器则尝试区分真实数据和生成器生成的数据,在训练过程中,生成器和判别器相互竞争,最终生成器可以学习到生成高质量数据的能力。

如图 5-1 所示,本章所提算法首先通过包含 4 个卷积的编码器 E 提取 4 个尺度的特征。此外有文献[9]指出,在编码器—解码器结构的瓶颈层中应用扩张卷积可以有效缓解伪影的产生,为此本章算法还设计了平滑稀释残差块(SDRB),并在两个教师网络的瓶颈层中添加了两个 SDRB 模块,之后由 4 个反卷积组成的解码器 D 将特征解码到编码器 E 中相应层的形状,从而输出原始形状的去雾图像。

如图 5-4(a)所示,本章提出的 SDRB 由两个平滑扩张卷积(SDC)[10]和一个残差密集块[11]组成,每个 SDC 包含一个 ShareSepConv(可分离共享卷积)[12]、一个卷积和一个 ReLU 函数。其中:ShareSepConv 作为一个预处理模块,在非相邻区域之间建立连接,并解决感受野扩展所导致的空间不连续性问题;卷积通过将扩张设为 2 以扩大感受野,并增强算法对全局特征的感知能力;ReLU函数和残差连接用于改善网络的非线性。

需要指出的是,可分离卷积是一种卷积操作,可以将一个卷积拆分成两个卷积,从而减少计算量和参数数量。可分离卷积通常可分为空间可分离卷积和深度可分离卷积两种类型。其中:空间可分离卷积在图像的二维空间维度(即高度和宽度)上运行,它将输入通道分成两组,然后分别对每组进行卷积操作,最后对结果进行合并,这种方法可大大减少计算量和参数数量,从而提高模型的效率;深度可分离卷积则在通道维度上运行,它将输入通道分成两组,分别对每组进行卷积操作,最后将结果进行合并,这种方法同样可以大大减少计算量和参数数量,从而提高模型的效率。可分离卷积的优点在于它可以大大减少计算量和参数数量,从而提高模型的效率,同时可分离卷积还可以提高模型的精度和鲁棒性。图5-5为深度可分离卷积示意图。

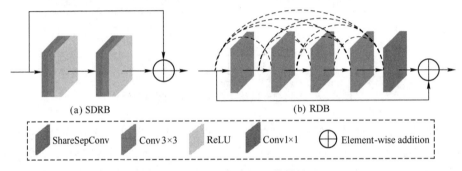

图5-4 SRDB和RDB网络结构图

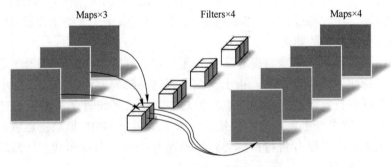

图5-5 深度可分离卷积示意图

5.2.2 学生网络

学生网络是由合成有雾图像训练而成的去雾网络,其结构与教师网络相似。如图5-1所示,学生网络仍基于四级编码器—解码器结构,但在瓶颈层增加了两个残差密集块（RDB）。残差密集块[13]结合了残差连接和密集连接网络[14]的优点，能有效提取结构并有助于特征反向传播。如图5-4（b）所示，这两个 RDB 包含四个 3×3 卷积和一个 1×1 卷积，其中所有 3×3 卷积都是密集连接的，以避免损失较浅层提取的结构信息，然后 1×1 卷积将这些丰富的特征合并，从而提供清晰的纹理感知。

5.3 损失函数设计

目前研究表明，像素级损失和特征级损失的结合可以加速网络训练，为此本章算法采用 L1 损失、感知损失和蒸馏损失来对网络进行训练，如下式所示：

$$L_{\text{loss}} = L_1 + L_{per} + \lambda L_{\text{diss}} \tag{5-1}$$

式中：L_1、L_{per} 和 L_{diss} 分别代表 L1 损失、感知损失和蒸馏损失；λ 是一个超参数，本章设置为 0.5，从而平衡总的损失函数。

5.3.1 L1 损失

L1 损失（均值绝对误差）可以通过每像素对比，快速最小化有雾图像与清晰图像之间的特征差异，为此算法在网络训练中加入了 L1 损失。与 L2 损失（均方误差）不同，L1 损失能更加稳定地训练网络，可表示为

$$L_1 = \| J - G(I) \|_1 \tag{5-2}$$

式中：J 代表有雾图像；$G(I)$ 代表学生网络生成的去雾图像。

5.3.2 感知损失

感知损失[15]（Perceptual loss）主要通过感知和语义差异对两幅图像进行比较，从而有效帮助网络还原更生动的图像。本章算法在 ImageNet 上对 VGG19 网络进行预训练，并提取第 2、7、12、21 和 30 个特征层的变化特征来计算损失，计算公式为

$$L_{per} = \sum_{i=1}^{5} \frac{1}{C_i H_i W_i} \| \Phi_i(J) - \Phi_i(G(I)) \|_1 \tag{5-3}$$

式中：J 表示清晰图像；$G(I)$ 表示学生网络生成的去雾图像；$\Phi_i(J)$ 和 $\Phi_i(G(I))$ 分别表示从 VGG19 网络中提取的去雾图像和清晰图像的五个尺度感知特征；C_i、H_i、W_i 分别表示特征图的通道数、高度和宽度。

5.3.3 蒸馏损失

如图 5-1 所示，为了使训练出的学生网络对真实场景具有较强的泛化能

力，本章所提算法分别通过最小化（$N(I)$，$D(I)$）与 NLD（DCP）的去雾图像（命名为（J_{NLD}，J_{DCP}））之间的 L1 损失来预训练两个教师网络，然后采用预训练网络通过特征级损失（L_{N1}，L_{D1}，L_{N2}，L_{D2}）和像素级蒸馏损失（L_{N3}，L_{D3}）来优化学生网络的训练。对于特征级引导，本章算法将教师网络（学生网络）中每个 SDRB（RDB）后的特征通过额外的卷积进行输出；对于像素级引导，考虑到上层输出（NLD 和 DCP 的去雾图像）包含一些负面信息，如颜色和光照失真等，采用文献 [16] 中的离散小波变换（DWT）来区分教师网络输出的高频和低频部分，并只将高频图像发送到学生网络的训练过程中进行引导。综合上述分析，本章算法蒸馏损失可表示为

$$L_{diss} = \|F_{NLD1} - F_{S1}\|_1 + \|F_{DCP1} - F_{S1}\|_1 + \|F_{NLD2} - F_{S2}\|_1 + \|F_{DCP2} - F_{S2}\|_1 \\ + \|DWT_h(N(I)) - DWT_h(G(I))\|_1 + \|DWT_h(D(I)) - DWT_h(G(I))\|_1$$

(5-4)

式中：F_{DCP1}、F_{DCP2}，F_{NLD1}、F_{NLD2} 分别表示从 DCP 教师网络和 NLD 教师网络每个 SDRB 中提取的特征；F_{S1} 和 F_{S2} 分别表示从学生网络每个 RDB 中提取的特征；$DWT_h(\cdot)$ 表示高通 DWT，用于提取输入图像的结构和纹理信息，从而使学生网络避免从去雾图像中获取低频信息（颜色和光照失真）。

5.4 实验设置与结果分析

5.4.1 实验设置

本章算法采用真实图像去雾数据集（RESIDE）[17]中的室内训练集（ITS）进行网络训练，该数据集是一个合成的室内训练集，包含 13990 幅雾霾图像和相应的无雾霾图像。为验证本章所提算法的去雾性能，本章在 IHAZE[18] 和 OHAZE[19] 数据集上将所提出算法与其他算法进行比较，包括 DCP[4]、NLD[5]、DANet[20]、KDDN[9]、PSD[21] 和 RefineDNet[22]。上述两个测试集分别包含 5 幅室内和室外配对测试图像。此外，本章还采用了其他数据集的一些真实图像，以进一步验证本章所提算法在真实场景中的去雾性能。

5.4.2 结果分析

1. 合成有雾图像实验结果

对比结果如表 5-1 所示，表中数值分别是 IHAZE 和 OHAZE 数据集中的 5 幅室内和室外测试图像的平均 PSNR 和 SSIM。对于 IHAZE 数据集，本章算法

第 5 章　基于多先验引导的知识蒸馏图像去雾算法

（记为 MGDNet）在 PSNR 和 SSIM 方面都达到了图像去噪的次佳性能；对于 OHAZE 数据集，本章所提算法也达到了第二好的 PSNR，并且与第二好的方法 DANet 相比，SSIM 提高了 0.02。上述实验结果表明，DANet 与所提算法 MGDNet 在这两个数据集上的去雾效果更好；此外，基于先验的方法 DCP 和 NLD 在 PSN 和 SSIM 方面的表现都很差，这表明产生的伪影和颜色变化严重降低了去雾图像的质量。

表 5-1　本章算法在 IHAZE 和 OHAZE 数据集上的对比结果

Method		DCP	NLD	DANet	KDDN	PSD	RefineDNet	Ours
IHAZE	PSNR	12.49	13.57	**16.23**	13.42	13.67	15.9	16.02
	SSIM	0.58	0.59	0.72	0.62	0.63	**0.75**	0.73
OHAZE	PSNR	14.95	15.24	**18.32**	16.28	15.72	17.26	18.07
	SSIM	0.67	0.69	0.74	0.71	0.68	0.71	**0.76**

2. 真实有雾图像实验结果

考虑到利用 IHAZE 和 OHAZE 数据集中的雾霾机获取的雾霾图像可能无法完全验证真实场景中的去噪能力，本节进一步在真实有雾数据集中的一些真实图像上对上述算法进行实验比较。如图 5-6 所示，基于先验信息的图像去雾方法 DCP 和 NLD 去雾效果较好，但会造成色彩失真和伪影，说明这些方法在真实场景中具有出色的泛化能力；相比之下，基于深度学习的方法由于缺乏知识引导，往往会获得去雾不足的结果。具体地，KDDN 算法在这些场景中无法去雾，大量的残留降低了生成结果的可视性；DANet 算法虽然在 IHAZE 和 OHAZE 数据集中表现良好，但无法彻底去除雾，并导致明显的颜色变化，这表明该方法无法适应真实场景；PSD 算法的图像去雾结果存在严重的色彩和光照失真，部分局部区域还有残留雾；RefineDNet 算法虽能有效地对这些场景进行去雾处理，其去雾结果视觉效果较好，但其去雾结果在局部区域仍有一些残留雾霾，尤其是在处理色彩丰富的纹理图像时。与上述对比方法相比，本章所提算法恢复的去雾图像质量高、结构清晰、色彩鲜艳，这表明在 DCP 和 NLD 方法的指导下，本章算法在真实场景中具有很强的去雾效果；此外，与 DCP 和 NLD 的去雾结果相比，本章算法在合成图像上的训练结果在一定程度上减轻了色彩失真和伪影。

3. 消融实验

为了验证每个模块的有效性，本节通过 4 个因素的组合进行消融研究：DCP 教师网络（DCP）、NLD 教师网络（NLD）、像素蒸馏损失（PDL）、离散

图 5-6 真实有雾图像对比实验结果

小波变换（DWT）。具体实现过程中，采用不同的组件组合构建了以下变体：①Student，即只使用学生网络；②Student+DCP，即只使用 DCP 教师网络，并通过按照特征计算的蒸馏损失引导学生网络；③Student+DCP+NLD，即同时使用 DCP 和 NLD 教师网络，并通过特征提取损耗引导学生网络；④Student+DCP+NLD+PDL，即两个教师网络同时通过按照特征计算的蒸馏损失和按像素计算的蒸馏损失来引导学生网络；⑤Student+DCP+NLD+PDL+DWT（Ours），即在按像素引导之前应用 DWT 模块，而在按像素比较时只使用 DCP 和 NLD 教师网络的高频部分来引导学生网络。

对比实验结果如表 5-2 所示，可以看出：在 PSNR 和 SSIM 性能指标方面，本章所提算法实现了最佳的图像去雾性能，结合 DCP 图像去雾结果，本章所提算法可以将 PSNR 从 19.68dB 提高到 20.32dB，并将 SSIM 提高 0.01。此外，NLD 教师网络的加入也带来了一定效果，这意味着基于先验的方法可以有效提高泛化能力。需要指出的是，通过 DWT 该网络可以减轻教师网络输出的失真，并通过与像素级蒸馏损失相结合进一步提高图像去雾性能。

表 5-2 消融实验结果

Method	PSNR	SSIM
Student	19.68	0.882
Student+DCP	20.32	0.892
Student+DCP+NLD	20.34	0.902
Student+DCP+NLD+PDL	20.24	0.897
Ours	**20.49**	**0.904**

5.5 本章小结

本章提出了一种基于知识蒸馏的多先验引导图像去雾算法，该算法不依赖对大气光和透射图的估计，而是通过对暗通道先验信息 DCP 和非局部先验信息 NLD 两个教师网络的预训练，结合特征级和像素级蒸馏损失，有效利用 DCP 和 NLD 去雾结果的部分正确特征。此外，在像素级引导之前，本章算法采用了高通 DWT 来减轻负信息。在真实有雾图像和合成有雾图像上的实验结果表明，本章所提算法在定量和定性评估中均取得了良好的图像去雾性能。

参考文献

[1] Qin X, Wang Z, Bai Y, et al. FFA-Net: Feature Fusion Attention Network for Single Image Dehazing [C]. AAAI Conference on Artificial Intelligence, 2020, 34 (7): 11908-11915.

[2] Dong H, Pan J, Xiang L, et al. Multi-Scale Boosted Dehazing Network With Dense Feature Fusion [C]. IEEE Conference on Computer Vision and Pattern Recognition (CVPR), 2020: 2154-2164.

[3] Liu X, Ma Y, Shi Z, et al. GridDehazeNet: Attention-Based Multi-Scale Network for Image Dehazing [C]. IEEE International Conference on Computer Vision (ICCV), 2019: 7313-7322.

[4] He K, Sun J, Tang X. Single Image Haze Removal Using Dark Channel Prior [J]. IEEE Transactions on Pattern Analysis and Machine Intelligence, 2011, 33 (12): 2341-2353.

[5] Berman D, Treibitz T, Avidan S. Non-local Image Dehazing [C]. IEEE Conference on Computer Vision and Pattern Recognition (CVPR), 2016: 1674-1682.

[6] Michelucci U. An Introduction to Autoencoders [J]. arXiv, 2022.

[7] Doersch C. Tutorial on Variational Autoencoders [J]. arXiv, 2021.

[8] Goodfellow I J, Pouget-Abadie J, Mirza M, et al. Generative Adversarial Networks [J]. arXiv, 2014.

[9] Hong M, Xie Y, Li C, et al. Distilling Image Dehazing With Heterogeneous Task Imitation [C]. IEEE Conference on Computer Vision and Pattern Recognition (CVPR), 2020: 3459-3468.

[10] Wang Z, Ji S. Smoothed Dilated Convolutions for Improved Dense Prediction [J]. Data Mining and Knowledge Discovery, 2021, 35 (4): 1470-1496.

[11] He K, Zhang X, Ren S, et al. Deep Residual Learning for Image Recognition [C]. IEEE Conference on Computer Vision and Pattern Recognition (CVPR), 2016: 770-778.

[12] Chen D, He M, Fan Q, et al. Gated Context Aggregation Network for Image Dehazing and Deraining [C]. IEEE Winter Conference on Applications of Computer Vision (WACV), 2019: 1375-1383.

[13] Zhang Y, Tian Y, Kong Y, et al. Residual Dense Network for Image Super-Resolution [C]. IEEE Conference on Computer Vision and Pattern Recognition (CVPR), 2018: 2472-2481.

[14] Huang G, Liu Z, Van Der Maaten L, et al. Densely Connected Convolutional Networks [C]. IEEE Conference on Computer Vision and Pattern Recognition (CVPR), 2017: 2261-2269.

[15] Johnson J, Alahi A, Fei-Fei L. Perceptual Losses for Real-Time Style Transfer and Super-Resolution [C]. Computer Vision - ECCV 2016. Cham: Springer International Publishing, 2016: 694-711.

[16] Fu M, Liu H, Yu Y, et al. DW-GAN: A Discrete Wavelet Transform GAN for NonHomo-

geneous Dehazing [C]. IEEE Conference on Computer Vision and Pattern Recognition Workshops (CVPRW), 2021: 203-212.

[17] Li S, Araujo I B, Ren W, et al. Single Image Deraining: A Comprehensive Benchmark Analysis [C]. IEEE Conference on Computer Vision and Pattern Recognition (CVPR), 2019: 3833-3842.

[18] Ancuti C, Ancuti C O, Timofte R, et al. I-HAZE: A Dehazing Benchmark with Real Hazy and Haze-Free Indoor Images [J]. arXiv, 2018.

[19] Ancuti C O, Ancuti C, Timofte R, et al. O-HAZE: A Dehazing Benchmark with Real Hazy and Haze-Free Outdoor Images [C]. IEEE Conference on Computer Vision and Pattern Recognition Workshops (CVPRW), 2018: 867-8678.

[20] Shao Y, Li L, Ren W, et al. Domain Adaptation for Image Dehazing [C]. IEEE Conference on Computer Vision and Pattern Recognition (CVPR), 2020: 2805-2814.

[21] Chen Z, Wang Y, Yang Y, et al. PSD: Principled Synthetic-to-Real Dehazing Guided by Physical Priors [C]. IEEE Conference on Computer Vision and Pattern Recognition (CVPR), 2021: 7176-7185.

[22] Zhao S, Zhang L, Shen Y, et al. RefineDNet: A Weakly Supervised Refinement Framework for Single Image Dehazing [J]. IEEE Transactions on Image Processing, 2021, 30: 3391-3404.

第6章 基于物理模型引导的自蒸馏图像去雾算法

6.1 引　　言

本书第5章在第4章算法的基础上，提出了基于多先验引导的知识蒸馏图像去雾算法，该算法未采用公开发布的去雾网络作为教师模型，而是利用DCP[1]和NLD[2]的去雾图像重新训练教师网络，从而直接融合先验信息获得图像去雾结果。此外，该算法在对教师模型进行预训练后，直接对教师模型的中间输出特征进行知识蒸馏，从而引导学生网络的训练。然而，和多数传统知识蒸馏算法相同，本书第4章和第5章所提算法仍存在以下问题：一是一个强大的预训练教师模型往往不一定存在，且训练如此复杂的教师模型通常需要花费大量的时间和成本；二是本书第4章和第5章所述算法需要对教师模型进行预训练后再对学生网络进行训练，两阶段的蒸馏过程会使知识蒸馏的效率大大降低。鉴于此，研究如何在不依赖预训练教师模型的前提下，实现单阶段的知识蒸馏过程和算法的自我优化，从而在有效去雾的同时简化模型结构并减少模型参数量具有重要意义。

图6-1给出了5种典型图像去雾算法的去雾结果对比，图中0.94M、28.71M、4.46M、54.59M、6.20M均代表对应算法的模型参数量。从图中可以看出：尽管DA[3]算法生成的去雾图像产生了一定的颜色偏移，但图像的纹理细节较清晰，视觉效果较好，这表明算法的去雾性能与网络的模型参数量往往呈正相关关系。此外，相比于DCPDN[4]算法，MSBDN[5]算法的模型参数量大幅增加，但其去雾效果却远远不如DCPDN算法，这进一步表明当算法的模型复杂度达到一定程度时，仅增加模型参数量对于算法性能的提升是远远不够的。为解决上述问题，研究人员提出了自蒸馏方式，自蒸馏方式不需要构建一个单独的教师网络，其教师网络和学生网络可为同一个网络，并通过在网络中提取有效的增益信息来实现网络的自我优化。自蒸馏方式由于能够在保持模型优秀性能的同时，进一步简化模型结构、减小模型参数量和提高知识蒸馏效率，因此已逐渐应用于计算机视觉、自然语言处理等领域，并取得了较好的效

果。目前自蒸馏方式主要分为两种：一是在同一网络内使用不同的样本信息进行蒸馏[6-7]；二是采用同步蒸馏的方式，即将前几个回合训练的模型作为教师来蒸馏后几个回合的模型，从而避免在训练过程中可能出现的过拟合、负优化（即在训练过程中模型不收敛，拟合效果进一步变差）等现象。除此之外，还有研究人员提出利用模型中较深层网络提取的特征来指导浅层网络的训练并进行同步蒸馏[8-10]，该种训练方式可以在很大程度上避免网络的过拟合。

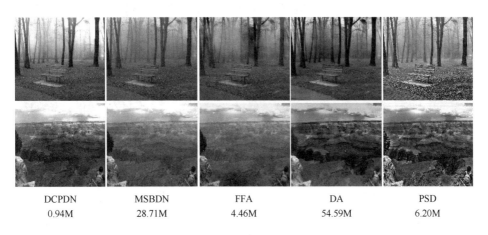

| DCPDN | MSBDN | FFA | DA | PSD |
| 0.94M | 28.71M | 4.46M | 54.59M | 6.20M |

图6-1　5种典型图像去雾算法的模型参数量及去雾结果对比

图6-1

基于上述分析，为简化模型网络结构，并使算法在具有优秀去雾性能的同时拥有较小的模型参数量，本章将大气散射模型嵌入网络，利用模型中蕴含的物理信息，提出了一种基于物理模型引导的自蒸馏图像去雾算法PMGSDN。该算法采用自蒸馏方式训练网络，使训练后的模型有效结合了基于模型图像去雾算法和端到端图像去雾算法的优势。具体来说，算法首先构建了一个由注意力引导的特征提取块（AGFEB）组成的深度特征提取网络来提取网络不同深度的特征；然后构建了一个预退出分支网络，并采用自蒸馏方式将较深层网络提取到的知识作为教师来指导浅层网络的训练。在合成和真实有雾数据集上的实验结果表明，该算法在保持优秀性能的同时，其模型参数量大大降低，应用范围更广，能够满足计算资源受限的设备低功耗和实时性要求。

6.2 基于物理模型引导的自蒸馏图像去雾网络

如图 6-2 所示，基于物理模型引导的自蒸馏图像去雾网络包括 3 部分：预处理网络、深度特征提取网络和预退出分支网络。在预处理部分，算法对输入的有雾图像 I_{in} 进行两次 3×3 卷积处理，其中在每次卷积后都使用实例归一化 IN 和 ReLU 激活函数来增强预处理部分的非线性。经过上述预处理后，输入的有雾图像变为通道数 32、大小 256×256 的特征图，从而使后续深度特征提取网络提取到的特征更加丰富细致。

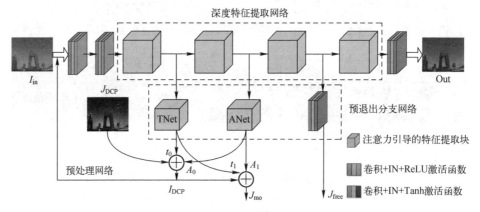

图 6-2 基于物理模型引导的自蒸馏图像去雾网络结构示意

图 6-2

6.2.1 深度特征提取网络

为有效提取不同深度的特征，本章算法将预处理后的特征输入到由 4 个注意力模块引导的特征提取块 AGFEB 构建的深度特征提取网络中，然后进行卷积处理生成最终的去雾图像 Out。

如图 6-3 所示，本章提出的注意力引导的特征提取块 AGFEB 首先通过 4 个卷积核大小为 1×1 的卷积来提取特征（此处的 1×1 卷积又称逐点卷积[11]），其中前 3 个逐点卷积后均进行池化操作，采用的池化核大小分别为 7×7、5×5 和 3×3，以用于形成不同大小的感受野，第 4 个逐点卷积则用于降维以减少参数量。在本章算法中，在逐点卷积后采用7×7、5×5、3×3的池化核进行池化操作，等价于直接使用卷积核大小为7×7、5×5、3×3的传统卷积，通过使用该卷积，算法在不使用大卷积核的情况下进一步减少了模型参数量。此外，在前3个卷积中将当前卷积的特征与下一个卷积的特征通过通道拼接的方式结合起来，从而避免在训练过程中由于使用逐点卷积而造成的负优化现象，并使该特征提取块能够有效提取网络不同深度的特征。

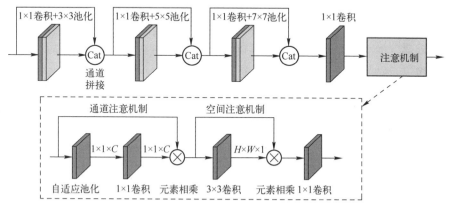

图 6-3 注意力引导的特征提取块 AGFEB 网络结构示意

在此基础上，考虑到有雾图像在不同颜色通道和空间位置上雾的分布不同，注意力引导的特征提取块 AGFEB 使用通道注意机制[12]和空间注意机制对逐点卷积提取的特征进行加权，从而使最终提取的特征更加关注图像中雾浓度较大的区域。其中：通道注意机制首先使用自适应平均池化将逐点卷积生成的特征压缩为一个通道向量（$1×1×C$），然后使用 $1×1$ 卷积和 Sigmoid 激活函数生成通道注意映射特征，最后通过元素相乘对输入的特征进行通道注意加权，经过上述通道注意机制步骤之后，加权的特征对有雾图像过度增强区域的关注减少，从而缓解去雾图像全局颜色失真的问题；空间注意机制与通道注意机制不同，它使网络更加关注图像上与雾相关的高频区域，具体而言，空间注意机制通过 $3×3$ 卷积和 Sigmoid 激活函数直接生成空间注意映射特征（$H×W×1$），并通过元素相乘来加权输入的特征。最后，进一步融合通道注意机制和空间注意机制得到的映射特征，得到注意力引导的特征提取块 AGFEB 的输出。

6.2.2 预退出分支网络

为实现训练过程中网络的自我优化，本章算法基于自蒸馏方式，利用较深层网络提取的知识指导浅层网络的训练，为此我们在每个注意力引导的特征提取块 AGFEB 之后，分别添加了预退出分支网络用于提取不同深度网络的特征。如图 6-2 所示，前两个预退出分支分别为大气光估计网络（ANet）和金字塔密集连接透射图估计网络（TNet），第三个分支为一个卷积，其后使用一个实例归一化（IN）和 Tanh 激活函数，以端到端的方式直接生成去雾图像。

图 6-4 所示为大气光估计网络（ANet）结构示意图，该网络采用编码器—解码器结构预测大气光，其中编码器和解码器分别由 4 个对称的卷积和反卷积组成，且每个卷积和反卷积后均使用一个批处理归一化（Batch Normalization，BN）和 ReLU 激活函数。图 6-5 所示为金字塔密集连接透射图估计网络（TNet）结构示意图，该网络同样采用编码器—解码器结构对输入的图像进行特征提取，然后采用一个金字塔结构进行特征细化，细化后特征的大小分别为原图像的 1/4、1/8、1/16 和 1/32，最后通过上采样操作得到该图像对应的透射图。通过上述两个预退出分支网络，可将不同深度的特征以大气光和透射图的形式表现出来，然后将其带入大气散射模型，从而得到中间去雾图像。

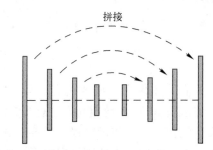

图 6-4　大气光估计网络（ANet）结构示意

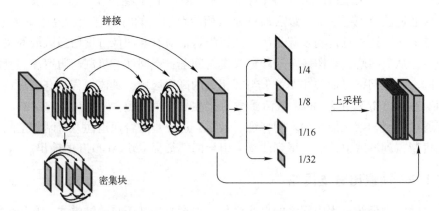

图 6-5　金字塔密集连接透射图估计网络（TNet）结构示意

6.2.3 前向预测

为有效结合基于模型图像去雾算法和端到端图像去雾算法的互补优势,本章算法将网络的训练过程分为前向预测和自蒸馏两部分。

如图6-2所示,前向预测可分为两个阶段。在第一阶段,首先将输入的有雾图像 I_{in} 送入整个网络,并通过前两个预退出分支获得初步的透射图 t_0 和大气光 A_0,由于先验信息引导的图像去雾算法在恢复浓度较大有雾图像的纹理细节时具有优势,因此本章算法将暗通道先验[1]嵌入网络,用以同时获得暗通道先验去雾算法生成的去雾图像 J_{DCP},然后将 t_0、A_0 和 J_{DCP} 代入大气散射模型,并反演得到重构后的有雾图像 I_{DCP},该过程可表示为

$$I_{DCP} = J_{DCP}t_0 + A_0(1-t_0) \tag{6-1}$$

由于暗通道先验是在对真实场景下无雾图像观测基础上得出的一种统计规律,因此与输入的合成有雾图像 I_{in} 相比,重构后的有雾图像 I_{DCP} 雾的分布更接近真实场景的有雾图像。

在第二阶段,本章算法将重构后的有雾图像 I_{DCP} 作为网络的输入,通过深度特征提取网络进行特征提取并获得最终的去雾图像 Out。此外,本章算法还利用前两个预退出分支网络生成大气光 A_1 和透射图 t_1,将其代入大气散射模型得到基于模型的去雾图像 J_{mo},最后利用第三个预退出分支网络,通过端到端的方式直接生成去雾图像 J_{free}。

6.2.4 自蒸馏

在前向预测第二阶段生成的去雾图像 J_{mo} 和 J_{free} 是由来自不同深度网络的特征,分别以基于模型的方式和端到端的方式生成,其在图像局部区域的对比度和颜色保真度方面具有互补优势,为此本章算法还采用自蒸馏方式将二者优势进行结合。

如图6-6所示,本章算法通过在基于模型的去雾图像 J_{mo}、端到端的去雾图像 J_{free} 和最终去雾图像 Out 之间建立额外的蒸馏损失,以实现较深层网络提取的知识对浅层网络的训练指导。具体而言,本章算法在训练过程中将网络较深层注意力引导的特征提取块 AGFEB 作为教师,通过最终去雾图像 Out、基于模型的去雾图像 J_{mo} 和端到端的去雾图像 J_{free} 之间的蒸馏损失来指导浅层网络的训练;训练完成后,算法将所有的预退出分支网络进行删除,并直接通过深度特征提取网络生成去雾图像,从而使算法在保持优秀性能的同时,不会带

来额外的模型参数量。

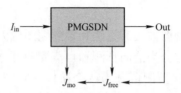

图 6-6　自蒸馏网络结构示意

6.3　损失函数设计

本章算法损失函数包括重构损失和自蒸馏损失两部分

$$L_{loss}=L_{rec}+L_{dist} \tag{6-2}$$

式中：L_{loss} 代表总损失；L_{rec} 代表重构损失；L_{dist} 代表蒸馏损失。

重构损失可表示为

$$L_{rec} = \sum_{i=1}^{3}(\|GT-J_i\|_1 - SSIM(GT,J_i)) \tag{6-3}$$

式中：GT 代表无雾图像；J_1、J_2 和 J_3 分别代表最终的去雾图像 Out、基于模型的去雾图像 J_{mo} 和端到端的去雾图像 J_{free}；$\|\cdot\|_1$ 代表像素级损失 L1 损失；SSIM(·) 代表特征级损失 SSIM 损失。

本章所提算法将较深层网络提取的特征，通过大气光、透射图、去雾图像的形式进行知识蒸馏。具体来说，利用更深层网络提取特征生成的去雾图像扮演教师的角色，并将知识迁移到浅层网络用以指导其训练，因此自蒸馏损失可表示为

$$L_{dist} = \|Out-J_{free}\|_1 + \|Out-J_{mo}\|_1 + \|J_{free}-J_{mo}\|_1 \tag{6-4}$$

6.4　实验设置与结果分析

6.4.1　实验设置

本章所提算法在 ITS 室内训练数据集[13]上进行训练，并在 I-HAZE[14]、O-HAZE 合成数据集以及真实数据集 URHI 上进行测试，其余实验设置均与第 4 章实验设置相同。

6.4.2 结果分析

1. 合成有雾图像实验结果

为验证本章算法的性能,将所提算法 PMGSDN 与对比算法在 I-HAZE 和 O-HAZE[15]合成有雾数据集上进行定性比较,对比算法包括 DCP[1]、DCPDN[4]、MSBDN[5]、EPDN[16]和 DA[3],实验结果如图 6-7 所示。

有雾图像　DCP　DCPDN　MSBDN　EPDN　DA　PMGSDN　无雾图像

图 6-7　PMGSDN 算法与对比算法在 I-HAZE 和 O-HAZE 数据集中的定性对比结果

如图 6-7 所示,前两行图像来自 I-HAZE 数据集,后两行图像来自 O-HAZE 数据集。从图中可以看出:DCP 算法可以有效去除图像中浓度较大区域的雾,并恢复图像的纹理细节,但该算法会导致生成的去雾图像亮度变暗,使其颜色与无雾图像相差甚远;DCPDN 算法通过卷积神经网络估计透射图和大气光,然后利用大气散射模型生成去雾图像,但由于大气散射模型也是一种人为先验信息,因此该算法生成的去雾图像仍存在一定程度的光照失真;端到端的图像去雾算法 MSBDN 生成的去雾图像颜色保真度较好,但是去雾不够彻底,且需要指出的是,该算法是在 RESIDE 数据集的室内和室外有雾数据集上进行训练,其在 I-HAZE 和 OHAZE 数据集上去雾效果不足,充分表明了该算法的泛化能力较差;EPDN 算法虽可以有效去雾,但该算法会使生成的去雾图像亮度变暗,并且会导致一定程度的雾残留;DA 算法生成的去雾图像视觉效

果较好，但在去雾过程中，该算法存在去雾不彻底的问题。相比于上述 5 种算法，本章提出的基于物理模型引导的自蒸馏图像去雾算法 PMGSDN 在室内、室外数据集上均获得了纹理清晰、细节丰富的高质量去雾图像。

为进一步验证本章算法的性能，采用峰值信噪比 PSNR、结构相似度 SSIM 和模型参数量 3 个评价指标进行定量比较，实验结果如表 6-1 所示，表中黑色加粗字体代表该评价指标的最优结果。

表 6-1 PMGSDN 算法与对比算法在 I-HAZE 和 O-HAZE 数据集中的定量对比结果

数据集	评价指标	DCP	DCPDN	MSBDN	EPDN	DA	PMGSDN
I-Haze	PSNR	12.31dB	14.27dB	16.73dB	15.86dB	17.10dB	**17.41dB**
	SSIM	0.676	0.826	0.798	0.751	0.807	**0.813**
O-Haze	PSNR	14.94dB	13.79dB	18.08dB	16.23dB	18.37dB	**18.48dB**
	SSIM	0.672	0.726	0.765	0.716	0.712	**0.802**
模型参数量		—	0.94M	28.71M	35.86M	54.59M	1.26M
FLOPs			21.24KM	24.58KM	28.62KM	96.15KM	**18.48KM**

从表 6-1 中可以看出：对于 I-HAZE 数据集，DCP 算法和 DCPDN 算法的性能较差，其峰值信噪比和结构相似度均较低，这表明异常的亮度和伪影会降低去雾图像的质量，从而使其视觉效果变差。而端到端的图像去雾算法 MSBDN、EPDN 和 DA 由于拥有较强的特征提取和模型拟合能力，因此均获得了较高的峰值信噪比和结构相似度。与上述算法相比，本章所提基于物理模型引导的自蒸馏图像去雾算法 PMGSDN 均获得了两个指标的最高值，分别为 17.41dB 和 0.813；对于 O-HAZE 数据集，本章所提出的 PMGSDN 算法在峰值信噪比和结构相似度上均取得了最好的结果，分别为 18.48dB 和 0.802，并且相比于次优算法 DA，本章算法分别提高了 0.11dB 和 0.090。

此外，在算法复杂度方面，本章将模型参数量和浮点运算数量（Floating point operations, FLOPs）作为评价模型复杂度和计算量的指标。从表 6-1 可以看出，尽管 PMGSDN 算法的模型参数量略大于 DCPDN，但该算法的去雾效果明显优于 DCPDN 算法，且同其他去雾效果好的算法相比，PMGSDN 算法拥有最小的模型参数量，这表明该算法在具有优秀去雾性能的同时，对计算资源受限型设备的需求更低。需要指出的是，FLOPs 表示运行该算法所需要的总计算量，其单位为 KM，代表 1×10^9，本章在对 FLOPs 进行比较时，均将一个四维张量 $1\times3\times256\times256$ 作为输入来比较算法的计算量，通常该评价指标越小，算法的复杂程度就越小。

综合上述分析可以看出，本章所提算法能够具有较好的去雾效果，且模型的结构较为简单,计算量和参数量较小。

2. 真实有雾图像实验结果

为验证本章算法在真实场景中的去雾性能,进一步将 PMGSDN 算法与对比算法在 URHI 数据集上进行比较,实验结果如图 6-8 所示。从实验结果可以看出:DCP 算法可以生成纹理清晰的去雾图像,但不可避免地会产生光晕和颜色扭曲,从而降低了图像的视觉效果。基于模型的图像去雾算法 DCPDN 能够提高去雾图像的亮度和对比度,但在图像的部分区域造成了一定的颜色失真。相比之下,端到端的图像去雾算法可以有效去雾,且能够生成颜色保真度好的去雾图像,但由于缺乏额外知识作为引导,此类算法往往无法处理图像中雾霾浓度较大的区域,例如:MSBDN 算法由于在合成数据集上进行训练并出现过拟合,致使该算法不能对真实场景下的有雾图像进行有效去除;EPDN 算法在去雾过程中使用增强块来提升去雾效果,导致去雾图像的部分区域有残留雾并且亮度降低;DA 算法首先建立一个双向翻译网络,然后采用域自适应的方式实现合成有雾图像和真实有雾图像的风格化迁移,以缩小训练过程中所使用的合成有雾图像与真实有雾图像之间的差距,进而提升去雾效果,实验结果表明该算法能够有效去除大部分雾并生成高质量的去雾图像,但算法对部分图像的天空区域仍然会造成一定程度的颜色偏差。

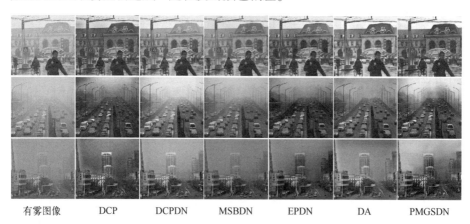

图 6-8 PMGSDN 算法与对比算法在 URHI 数据集中的对比实验结果

与上述对比算法相比，本章所提基于物理模型引导的自蒸馏图像去雾算法通过自蒸馏方式，充分利用了网络不同深度的特征，并通过结合基于物理模型图像去雾算法和端到端图像去雾算法的优点，因此生成了纹理特征清晰、颜色自然且视觉效果较好的去雾图像。

3. 消融实验

为验证本章所提算法每个模块的有效性，本节设计消融实验来评估以下4个关键模块的性能：注意力引导的特征提取块 AGFEB；暗通道先验 DCP 生成的初步去雾图像 J_{DCP} 的引导；基于模型的去雾图像 J_{mo} 的引导；端到端的去雾图像 J_{free} 的引导。对以下变体进行评估：变体 A，本章所提算法未采用注意力引导的特征提取块 AGFEB；变体 B，本章所提算法未采用暗通道先验 DCP 生成初步去雾图像 J_{DCP} 的引导；变体 C，本章所提算法未采用基于物理模型去雾图像 J_{mo} 的引导；变体 D，本章所提算法未采用端到端去雾图像 J_{free} 的引导；变体 E，本章所提算法 PMGSDN。在 ITS 数据集上将这些变体训练 30 个回合，并在 I-HAZE 数据集和 OHAZE 数据集上对其进行测试以评估每个变体的性能，实验结果如表 6-2 所示。可以看出，本章所提算法在 I-HAZE 数据集和 O-HAZE 数据集上的峰值信噪比 PSNR 和结构相似度 SSIM 都取得了最好的结果，且算法的每个关键模块均能有效改善图像去雾性能。

表 6-2 PMGSDN 算法在 I-HAZE 和 O-HAZE 数据集中的消融实验结果

数据集	评价指标	变体 A	变体 B	变体 C	变体 D	变体 E
I-HAZE	PSNR	15.85dB	16.05dB	16.72dB	17.27dB	**17.41dB**
	SSIM	0.728	0.719	0.738	0.759	**0.813**
O-HAZE	PSNR	16.24dB	16.51dB	16.33dB	17.09dB	**18.48dB**
	SSIM	0.702	0.647	0.692	0.697	**0.802**

6.5 本章小结

本章针对目前端到端图像去雾算法存在的模型结构复杂、模型参数量大等问题，提出了一种基于物理模型引导的自蒸馏图像去雾算法。该算法首先使用注意力引导的特征提取块来构建一个深度特征提取网络，进而提取网络不同深度的特征；在此基础上，为进一步提高算法的图像去雾效果，结合基于物理模型图像去雾算法和端到端图像去雾算法的互补优势，通过增加预退出分支网络，将提取的不同深度特征以透射图、大气光等形式进行表达，从而使网络在物理模型的指导下进行训练。相比于本书第 4 章所提基于多教师引导的知识蒸馏图像去雾算法和第5章提出的基于多先验引导的知识蒸馏图像去雾算法,本章算法采用了单阶段的知识蒸馏方式,通过将较深层网络提取到的知识进行蒸馏用以指导浅层网络的训练,实现了其在训练过程中的自我优化,进而增强了图像去雾效果。在合成和真实场景下的实验结果表明,本章所提算法对于场景的适用范围更广,能够在保证优秀去雾性能的同时大幅减小模型参数量。

参 考 文 献

[1] He K, Sun J, Tang X. Single Image Haze Removal Using Dark Channel Prior [J]. IEEE Transactions on Pattern Analysis and Machine Intelligence, 2011, 33 (12): 2341-2353.

[2] Berman D, Treibitz T, Avidan S, et al. Non-local Image Dehazing [C]. IEEE Conference on Computer Vision and Pattern Recognition (CVPR), 2016: 1674-1682.

[3] Shao Y, Li L L, Ren W, et al. Domain Adaptation for Image Dehazing [C]. IEEE Conference on Computer Vision and Pattern Recognition (CVPR), 2020: 2144-2155.

[4] Zhang H, Patel V M. Densely Connected Pyramid Dehazing Network [C]. IEEE Conference on Computer Vision and Pattern Recognition (CVPR), 2018: 3194-3203.

[5] Dong H, Pan J, Xiang L, et al. Multi-Scale Boosted Dehazing Network With Dense Feature Fusion [C]. IEEE Conference on Computer Vision and Pattern Recognition (CVPR), 2020: 2154-2164.

[6] Xu T B, Liu C L. Data-Distortion Guided Self-Distillation for Deep Neural Networks [J]. AAAI Conference on Artificial Intelligence, 2019, 33: 5565-5572.

[7] 邵仁荣,刘宇昂,张伟,等. 深度学习中知识蒸馏研究综述 [J]. 计算机学报, 2022, 45 (8): 1638-1673.

[8] Ji M, Shin S, Hwang S, et al. Refine Myself by Teaching Myself: Feature Refinement via Self-Knowledge Distillation [C]. IEEE Conference on Computer Vision and Pattern Recognition (CVPR), 2021: 10659-10668.

[9] Zhang L, Bao C, Ma K. Self-Distillation: Towards Efficient and Compact Neural Networks [J]. IEEE Transactions on Pattern Analysis and Machine Intelligence, 2021, 8: 1-11.

[10] Zhang L, Song J, Gao A, et al. Be Your Own Teacher: Improve the Performance of Convolutional Neural Networks via Self Distillation [C]. IEEE International Conference on Computer Vision (ICCV), 2019: 3712-3721.

[11] Zhang J, Tao D. FAMED-Net: A Fast and Accurate Multi-Scale End-to-End Dehazing Network [J]. IEEE Transactions on Image Processing, 2020, 29: 72-84.

[12] Woo S, Park J, Lee J-Y, et al. CBAM: Convolutional Block Attention Module [C]. Computer Vision - ECCV 2018. Cham: Springer International Publishing, 2018: 3-19.

[13] Li S, Araujo I B, Ren W, et al. Single Image Deraining: A Comprehensive Benchmark

Analysis [C]. IEEE Conference on Computer Vision and Pattern Recognition (CVPR), 2019: 3833-3842.

[14] Ancuti C, Ancuti C O, Timofte R, et al. I-HAZE: A Dehazing Benchmark with Real Hazy and Haze-Free Indoor Images [J]. arXiv, 2018.

[15] Ancuti C O, Ancuti C, Timofte R, et al. O-HAZE: A Dehazing Benchmark with Real Hazy and Haze-Free Outdoor Images [C]. IEEE Conference on Computer Vision and Pattern Recognition Workshops (CVPRW), 2018: 867-8678.

[16] Qu Y, Chen Y, Huang J, et al. Enhanced Pix2pix Dehazing Network [C]. IEEE Conference on Computer Vision and Pattern Recognition (CVPR), CA, USA: IEEE, 2019: 8152-8160.

第7章 基于在线知识蒸馏的图像去雾算法

7.1 引　　言

本书第6章提出了一种基于物理模型引导的自蒸馏图像去雾算法，该算法通过自蒸馏方式实现了模型在训练过程中的自我优化，且采用单阶段知识蒸馏方式不仅大大提高了蒸馏效率，而且有效减少了模型参数量。然而，同现有大多数图像去雾算法类似，该算法对于部分真实有雾图像仍会造成一定程度的伪影、光照和颜色失真，且其模型的鲁棒性和泛化能力等仍需进一步提升。基于此，如何在不依赖预训练教师模型的前提下，进一步提高图像去雾算法的鲁棒性和泛化能力仍是图像去雾领域需要重点关注的问题。

图7-1给出了4种经典图像去雾算法的实验对比。不难发现，DCP算法[1]和DCPDN算法[2]均利用先验信息和大气散射模型进行去雾，其生成的去雾图像具有更加清晰的纹理特征，例如图7-1第一幅图像中的字和第二幅图像中的楼宇结构。相比之下，AODNet算法[3]、MSBDN算法[4]则通过一个端到端的图像去雾网络直接学习有雾图像和无雾图像之间的特征映射，进而恢复无雾图像。此类算法生成的去雾图像颜色保真度较好，例如图7-1中的第三幅图像，但该类算法往往去雾不彻底，其主要原因是此类算法在一个合成有雾数据集上进行训练，使得训练后的模型无法较好地泛化到真实场景下。此外，未考虑雾天图像的退化机理并且缺乏额外信息的引导，也是导致此类算法泛化能力弱、鲁棒性差以及在真实有雾图像上去雾效果不佳的重要原因。

基于上述实验观察，一些算法直接将先验信息和大气散射模型嵌入网络，以增强训练后模型的鲁棒性和泛化能力。例如：RefineDNet[5]算法将图像去雾问题分解为可见性恢复和真实性改善两个子任务，该算法分别使用嵌入的先验知识和深度学习处理两个子任务，同时该算法也将大气散射模型嵌入网络，从而对生成的去雾图像进行感知融合，该算法可有效提高真实有雾图像的去雾能力，但其模型结构较为复杂；Wang等[6]提出了一种大气照明先验，该算法首先利用先验信息对图像进行处理，然后利用一个端到端的网络进行无雾图像的恢复，该算法虽然可有效改善图像去雾效果，但同样会导致去雾后图像的颜色发生畸变。

  DCP   DCPDN   MSBDN   AODNet

图 7-1 4 种经典图像去雾算法实验结果对比

图 7-1

  为克服上述算法的局限性，本章提出了一种基于在线知识蒸馏的图像去雾算法。与本书第 6 章所述自蒸馏方式相同，该算法同样不依赖一个预训练的教师模型，而是通过网络的自我优化实现单阶段的知识蒸馏，但与第 6 章所述方法相比，本章所提算法采用在线知识蒸馏方式构建了多个学生网络，并通过学生网络之间的相互学习组成一个性能更优、鲁棒性和泛化能力更强的教师网络，在此基础上通过添加蒸馏损失函数，实现教师网络和学生网络的联合训练和优化。具体地，本章所提算法首先使用两个卷积对有雾图像进行预处理，然后通过一个多尺度特征共享网络来获取图像的多尺度特征，然后将特征共享网络提取的图像特征送入构建的在线知识蒸馏网络，在该网络中，基于大气散射模型的图像去雾分支和端到端的图像去雾分支分别作为学生网络，可分别生成两个初步的去雾图像，最后利用特征聚合块将上述初步去雾图像进行有效聚合，并将聚合的特征作为教师模型对学生去雾分支进行反向优化，从而通过特征聚合得到高质量的去雾图像。

7.2 基于在线知识蒸馏的图像去雾网络

鉴于大气散射模型是雾天图像退化的常用模型,在图像去雾领域具有重要的指导作用,本章将大气散射模型嵌入网络,提出了一种基于在线知识蒸馏的图像去雾算法——OKDNet。如图 7-2 所示,本章所提 OKDNet 算法可分为预处理网络、特征共享网络和在线蒸馏网络 3 部分。其中,预处理网络由两个 3×3 卷积组成,用于提取输入有雾图像的预处理特征 F_{pre},且在上述两个卷积操作之后,分别使用批处理归一化 BN[7] 和 ReLU 激活函数来增强网络的拟合能力。

7.2.1 特征共享网络

为有效提取与雾相关的特征并获得初步的去雾图像,本章算法将预处理后的特征 F_{pre} 送入特征共享网络。如图 7-2 所示,特征共享网络是一个多尺度网络,其首先通过两个下采样块将预处理后的特征从 32×256×256 变化为 64×128×128,再进一步变化为 128×64×64,以生成不同感受野下的特征;然后为提高网络在不同尺度的学习能力,提出了一种有效的注意力引导的残差密集块 AGRDB,同时考虑到低分辨率的图像往往包含更多的局部纹理信息,因此在该尺度上应用更多注意力引导的残差密集块 AGRDB,以有效增强特征共享网络的特征提取;最后通过通道拼接将相邻尺度的特征进行融合,并通过两个上采样块将提取的特征恢复到前一尺度,并得到最终的共享特征 F_s。

本章所提注意力引导的残差密集块结构示意如图 7-3 所示。首先,通过残差密集块 RDB 进行特征提取,需要指出的是,本章所使用的残差密集块与第 4 章中所使用的残差密集块结构完全相同,其能够有效结合残差结构和密集连接结构的优势,在有效提取图像深度特征的同时,防止浅层特征在卷积过程中的丢失,从而有效增强算法的特征提取能力;然后,采用通道注意机制[8]和空间注意机制对残差密集块提取的特征进行加权,从而使最终提取的特征更加关注图像上雾浓度较大的区域,在使用通道注意机制和空间注意机制之后,上述加权的特征能够对图像上雾浓度不同的区域赋予不同的权重,从而能够更有效地进行特征提取;最后,进一步合并上述特征,最终得到注意力引导残差密集块 AGRDB 的输出 F_o。

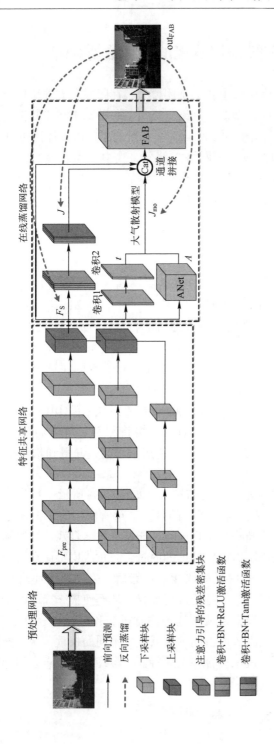

图 7-2 基于在线知识蒸馏的图像去雾算法结构示意

第7章 基于在线知识蒸馏的图像去雾算法

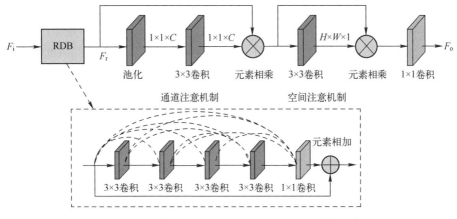

图 7-3 注意力引导的残差密集块 AGRDB 结构示意

7.2.2 在线蒸馏网络

1. 学生网络

在本章所提基于在线知识蒸馏的图像去雾算法中，学生网络是一个多分支网络，由端到端的图像去雾分支和基于模型的图像去雾分支组成。

1）端到端的图像去雾分支

由于特征共享网络已经有效提取了有雾图像的相关特征，因此仅使用两个卷积通过端到端的方式直接生成去雾图像，其中第一个卷积之后使用批处理归一化 BN 和 ReLU 激活函数来增强网络的非线性，第二个卷积之后使用批处理归一化和 Tanh 激活函数来生成端到端的去雾图像 J。

2）基于模型的图像去雾分支

首先使用两个卷积生成透射图 t，以及使用 DCPDN[2]算法中的大气光估计网络（ANet）生成大气光 A，然后将生成的大气光 A 和透射图 t 代入大气散射模型，从而生成基于模型的去雾图像 J_{mo}。

需要指出的是，端到端的去雾图像 J 和基于模型的去雾图像 J_{mo} 二者生成方式虽不同，但二者具有一定的互补优势，即基于模型的去雾图像 J_{mo} 去雾较彻底，但往往会存在一定程度的颜色或亮度失真，从而导致其视觉效果变差，而端到端的去雾图像具有更好的颜色保真度，但该图像在部分区域往往会有残留雾。

2. 教师网络

与传统知识蒸馏方法使用预训练模型作为教师模型不同，本章算法提出了一种特征聚合块 FAB，将学生分支生成的去雾图像进行聚合并对学生分支进行反向优化，从而建立一个性能更优的教师网络。如图 7-4 所示，本章所提特征聚合块由 4 个并行逐点卷积（1×1 卷积）和一个门控网络组成。首先，考虑到特征共享网络的输出 F_S 包含原始图像的丰富特征，因此将其与学生分支网络生成的端到端去雾图像 J 和基于模型的去雾图像 J_{mo} 进行通道拼接，并作为特征聚合块 FAB 的输入；然后，采用多个并行逐点卷积和具有不同内核大小的池化同时提取图像的局部和全局特征；最后，使用通道拼接将生成的多尺度特征进行结合，并将其送入门控网络（3×3 卷积），以准确地加权特征并生成 3 个权重图（α_J、α_{Jmo}、α_S），上述三个权重图通过线性组合加权输入的特征（J、J_{mo}、F_S），从而获得特征聚合后生成的去雾图像 Out_{FAB}，如下式所示：

$$Out_{FAB} = J * \alpha_J + J_{mo} * \alpha_{Jmo} + F_S * \alpha_S \tag{7-1}$$

式中：α_J、α_{Jmo}、α_S 代表门控网络生成的 3 个权重图；J、J_{mo} 分别代表学生分支网络生成的端到端去雾图像和基于模型的去雾图像；F_S 代表共享特征。

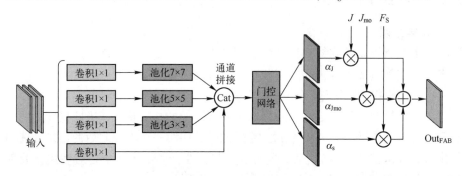

图 7-4 特征聚合块 FAB 结构示意图

综上所述，特征聚合块 FAB 的输出有效结合了端到端图像去雾算法和基于模型图像去雾算法的互补优势，并将其作为知识反向优化两个学生分支网络。此外，由于共享特征对于上述两个图像去雾分支至关重要，算法将共享特征网络也视作学生同时进行优化，也就是说，通过在端到端的去雾图像 J、基于模型的去雾图像 J_{mo} 和共享特征 F_S 之间建立额外的蒸馏损失函数，算法实现了教师网络和学生网络的联合优化，因此该种知识蒸馏方式称作在线知识蒸馏。

7.3 损失函数设计

本章所提基于在线知识蒸馏的图像去雾算法 OKDNet 采用像素级损失和特

征级损失进行优化,其损失函数可表示为

$$L_{\text{loss}} = L_1 + L_{\text{SSIM}} + \lambda L_{\text{dist}} \tag{7-2}$$

式中:L_1代表 L1 损失;L_{SSIM}代表结构相似度 SSIM 损失;L_{dist}代表蒸馏损失;λ代表权衡系数,用于平衡损失项,本章设置为 0.5。

本节所用 L1 损失和结构相似度 SSIM 损失与第 4 章完全相同,可分别表示为

$$L_1 = \|GT - \text{Out}_{\text{FAB}}\|_1 \tag{7-3}$$

$$L_{\text{SSIM}} = -\text{SSIM}(\text{Out}_{\text{FAB}}, GT) \tag{7-4}$$

式中:GT 代表无雾图像;Out_{FAB}代表特征聚合块 FAB 生成的去雾图像。

本章算法将特征聚合块生成的去雾图像作为知识,反向优化特征共享网络和两个学生去雾分支网络,以得到更好的端到端去雾图像 J 和基于模型的去雾图像 J_{mo},进而进一步提升特征聚合块的输出,并实现教师网络和学生网络的联合优化。基于此,可采用 L1 损失来最小化教师网络和学生网络生成去雾图像之间的差异,如下式所示:

$$L_{\text{dist}} = \|\text{Out}_{\text{FAB}} - J\|_1 + \|\text{Out}_{\text{FAB}} - J_{\text{mo}}\|_1 + \|\text{Out}_{\text{FAB}} - F_S\|_1 \tag{7-5}$$

式中:J 和 J_{mo} 分别代表学生去雾分支网络生成的端到端去雾图像和基于模型的去雾图像;F_S代表特征共享网络的输出。

7.4 实验设置与结果分析

7.4.1 实验设置

为评估本章所提算法的性能,将其与 DCP[1]、DCPDN[2]、MSBDN[4]、DA[9]和 AODNet[3]等算法在合成和真实数据集上进行定性和定量比较。除基于先验信息的去雾算法 DCP 在 Matlab 进行测试外,其他算法均在 PyTorch 框架中进行训练和测试。

实验过程中,采用 RESIDE 数据集[10]的室内训练集 ITS 进行训练,采用合成数据集 HazeRD[11]以及真实数据集 FHAZE[12]进行实验测试,以评估所提算法的性能。

7.4.2 结果分析

1. 合成有雾图像实验结果

由于有雾图像的场景深度同雾的浓度呈正相关关系,因此同一种算法对室内有雾图像和室外有雾图像的去雾效果存在差异,为此本节将所提算法

OKDNet 同对比算法在 HazeRD 数据集进行直观比较，实验结果如图 7-5 所示。可以看出：由于使用单方面的先验假设估计透射图和大气光并不适用于各种场景，DCP 算法生成的去雾图像存在颜色过饱和和亮度异常等现象；DCPDN 算法利用大气散射模型生成去雾图像，其生成的去雾图像具有较高的对比度，纹理细节清晰；由于在室内和室外有雾图像上共同训练，MSBDN 算法在 HazeRD 数据集上的去雾效果较好，能够生成具有较好颜色保真度的高质量去雾图像，但该算法在图像部分区域仍无法将雾进行有效去除并恢复图像的纹理细节；AODNet 和 DA 算法能够有效去雾，但会降低生成去雾图像的亮度，从而使其视觉效果变差。与上述算法相比，本章提出的基于在线知识蒸馏的图像去雾算法 OKDNet 仅在室内有雾图像上进行训练，但可以生成纹理特征清晰、视觉效果好的高质量去雾图像。

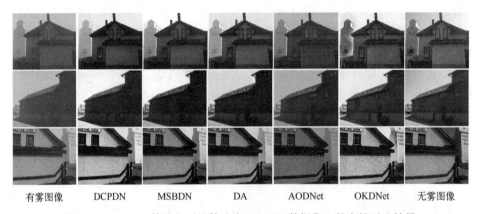

图 7-5 OKDNet 算法与对比算法在 HazeRD 数据集上的定性对比结果

为进一步分析和比较本章所提基于在线知识蒸馏的图像去雾算法 OKDNet 的性能，采用峰值信噪比 PSNR、结构相似性 SSIM 对算法进行定量比较，实验结果如表 7-1 所示。从表中可以看出，DCPDN 算法在该数据集上的性能较差，其峰值信噪比和结构相似度分别为 15.76dB 和 0.781，原因在于 DCPDN 算法将利用卷积神经网络估计的透射图和大气光代入大气散射模型直接生成去雾图像，算法对大气散射模型的依赖程度较高。相比之下，端到端的图像去雾算法依赖卷积神经网络强大的学习能力，直接学习有雾图像和无雾图像之间的

特征映射并生成去雾图像,从而获得了较高的峰值信噪比和结构相似度。例如:DA 算法采用域适应的方式提高算法的泛化能力,其获得的峰值信噪比和结构相似度分别为 16.88dB 和 0.818;而与次优算法 DA 相比,本章所提算法仅在室内图像上进行训练,在室外有雾图像上依然可以取得较好的图像去雾效果,其将峰值信噪比从 16.88dB 提高到 16.94dB,SSIM 从 0.818 提高到 0.867,有效提高了算法的泛化能力和鲁棒性。

表 7-1 OKDNet 算法与对比算法在 HazeRD 数据集上的定量对比结果

数据集	评价指标	DCP	DCPDN	MSBDN	DA	AODNet	OKDNet
HazeRD	PSNR	13.26dB	15.76dB	15.23dB	16.88dB	15.86	**16.94dB**
	SSIM	0.795	0.781	0.839	0.818	0.814	**0.867**

2. 真实有雾图像实验结果

由于本章所提基于在线知识蒸馏的图像去雾算法 OKDNet 仅在室内合成数据集上进行训练,为进一步验证算法的鲁棒性和泛化能力,将其与对比算法在 FHAZE 数据集上进行测试,实验结果如图 7-6 所示。从实验结果可以看出:基于先验信息的图像去雾算法 DCP 生成的去雾图像产生过增强,这进一步表明单方面的假设先验并不能适应复杂多变的真实有雾场景。DCPDN 算法将估计的大气光和透射图代入大气散射模型直接生成去雾图像,该算法对大气散射模型的依赖程度较高,因此生成的去雾图像同样会不可避免地出现一定程度的颜色畸变。相比之下,端到端的图像去雾算法能够缓解颜色失真的问题,但由于缺乏知识引导以及模型的泛化能力不足,端到端的图像去雾算法无法很好地对真实有雾图像进行处理,例如:尽管 MSBDN 算法在合成数据集中具有很好的图像去雾效果,但将该算法应用于真实有雾图像时却表现不佳,会使生成的去雾图像产生大量的残留雾;DA 算法可以生成高质量的去雾图像,但依然造成了图像某些区域的过度增强。与上述对比算法相比,本章所提基于在线知识蒸馏的图像去雾算法 OKDNet 通过学生网络之间的相互学习,构建了一个性能优秀的教师网络,并通过在线知识蒸馏方式有效结合了基于模型图像去雾算法和端到端图像去雾算法的互补优势,从而有效提高了算法的鲁棒性和泛化能力。

由于真实有雾图像没有相应的无雾图像,为进一步验证算法的泛化能力,本章采用无参考评价指标在 FHAZE 数据集上进行定量比较。所选评价指标包括盲/无参考图像空间质量评估(Blind/Referenceless Image Spatial Quality Evaluator,BRISQUE)[13]、自然图像质量评估器(Natural Image Quality Evaluator,NIQE)[14]和感知指数(Perceptual Index,PI)[15]。这些评价指标均为美学指标,可以用于评价雾霾、噪声、色差、照度变化等图像质量退化现象,由于可以定量地比较图像感知质量,上述指标在去雾领域得到了广泛的应用。表 7-2 为 ODNet 算法与对比算法在 FHAZE 数据集上的定量对比结果,其值越小表明效果越好。从表中可以看出,本章所提算法 OKDNet 在 NIQE、BBRISQUE 和 PI 三个评价指标上均获得了最佳值,分别为 3.088、13.05 和 2.015,该结果进一步表明 OKDNet 图像去雾算法具有较强的鲁棒性和泛化能力。

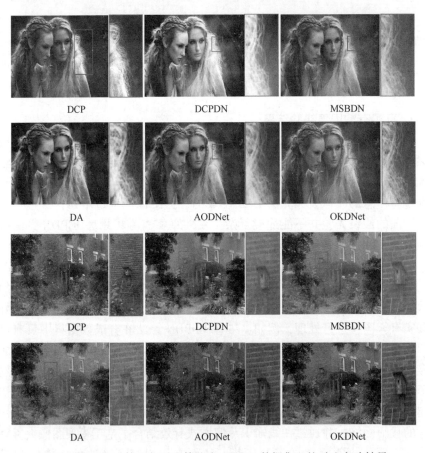

图 7-6 OKDNet 算法与对比算法在 FHAZE 数据集上的对比实验结果

图 7-6

第7章 基于在线知识蒸馏的图像去雾算法

表7-2 OKDNet算法与对比算法在FHAZE数据集上的定量对比结果

数据集	评价指标	Haze	DCP	DCPDN	MSBDN	DA	AODNet	OKDNet
FHAZE	NIQE	3.783	3.521	4.201	4.003	4.499	3.299	**3.088**
	BRISQUE	18.96	13.74	18.97	15.36	14.47	15.49	**13.05**
	PI	2.665	2.323	2.683	2.592	3.697	2.242	**2.015**

3. 消融实验

为验证本章所提算法OKDNet的有效性，本节进行消融实验设计以评估以下关键模块的性能：注意引导的残差密集块AGRDB、特征聚合块FAB、多尺度特征共享网络、基于大气散射模型图像去雾分支的知识蒸馏和端到端图像去雾分支的知识蒸馏。对以下变体进行评估：变体A，本章所提算法未采用注意引导的残差密集块AGRDB（将其替换为文献[16]中设计的残差密集块RDB）；变体B，本章所提算法未采用特征聚合块FAB；变体C，本章所提算法未采用多尺度特征共享网络（将其替换单尺度网络）；变体D，本章所提算法未采用基于大气散射模型的图像去雾分支的知识蒸馏；变体E，本章所提算法未采用端到端图像去雾分支的知识蒸馏；变体F，本章所提算法。在ITS数据集上将这些变体训练30个回合，并在HazeRD数据集上进行测试，以定量比较评估每个变体的性能。实验结果如表7-3所示，可以看出所提方法能够取得最好的去雾结果。此外，通过比较可以发现上述模块均能有效改善所提算法的去雾性能。

表7-3 OKDNet算法在HazeRD数据集上的消融实验结果

数据集	评价指标	变体A	变体B	变体C	变体D	变体E	变体F
HazeRD	PSNR	15.75dB	16.68dB	15.09dB	16.23dB	16.34dB	**16.94dB**
	SSIM	0.813	0.845	0.765	0.812	0.825	**0.867**

7.5 本章小结

本章针对现有图像去雾算法存在的鲁棒性差、泛化能力不足等问题，提出了一种基于在线知识蒸馏的图像去雾算法。该算法构建了一个多分支网络，其中由注意力引导残差密集块构建的多尺度网络作为共享网络，以深度提取图像特征，由基于大气散射模型的图像去雾分支和端到端的图像去雾分支分别作为学生网络，用于生成初步的去雾图像；在此基础上，采用有效的特征聚合块聚合两个初步的去雾图像，并对学生分支网络进行反向优化，从而得到更好的初步图像去雾结果，并进一步提升特征聚合块的输出。本章所提算法通过在线知识蒸馏方式，利用最终生成的去雾图像作为知识反向传递给每个去雾分支，使学生分支网络能够进一步学习，从而实现了整个教师网络和学生网络的联合优化。与传统知识蒸馏方式相比，本章所提算法不依赖预训练的教师模型，可有效改善图像去雾算法的鲁棒性和泛化能力。

参考文献

[1] He K, Sun J, Tang X. Single Image Haze Removal Using Dark Channel Prior [J]. IEEE Transactions on Pattern Analysis and Machine Intelligence, 2011, 33（12）: 2341-2353.

[2] Zhang H, Patel V M. Densely Connected Pyramid Dehazing Network [C]. IEEE Conference on Computer Vision and Pattern Recognition (CVPR), 2018: 3194-3203.

[3] Li B, Peng X, Wang Z, et al. AOD-Net: All-in-One Dehazing Network [C]. IEEE International Conference on Computer Vision (ICCV), 2017: 4780-4788.

[4] Dong H, Pan J, Xiang L, et al. Multi-Scale Boosted Dehazing Network With Dense Feature Fusion [C]. IEEE Conference on Computer Vision and Pattern Recognition (CVPR), 2020: 2154-2164.

[5] Zhao S, Zhang L, Shen Y, et al. RefineDNet: A Weakly Supervised Refinement Framework for Single Image Dehazing [J]. IEEE Transactions on Image Processing, 2021, 30: 3391-3404.

[6] Wang A, Wang W, Liu J, et al. AIPNet: Image-to-Image Single Image Dehazing With Atmospheric Illumination Prior [J]. IEEE Transactions on Image Processing, 2019, 28（1）: 381-393.

[7] Ioffe S, Szegedy C. Batch Normalization: Accelerating Deep Network Training by Reducing Internal Covariate Shift [C]. International Conference on International Conference on Machine Learning (ICML), 2015: 448-456.

[8] Woo S, Park J, Lee J-Y, et al. CBAM: Convolutional Block Attention Module [C]. Computer Vision - ECCV 2018. Cham: Springer International Publishing, 2018: 3-19.

[9] Shao Y, Li L, Ren W, et al. Domain Adaptation for Image Dehazing [C]. IEEE Conference on Computer Vision and Pattern Recognition (CVPR), 2020: 2144-2155.

[10] Li B, Ren W, Fu D, et al. Benchmarking Single-Image Dehazing and Beyond [J]. IEEE Transactions on Image Processing, 2019, 28（1）: 492-505.

[11] Zhang Y, Ding L, Sharma G. HazeRD: An Outdoor Scene Dataset and Benchmark for Single Image Dehazing [C]. IEEE International Conference on Image Processing (ICIP), 2017: 3205-3209.

[12] Fattal R. Dehazing Using Color-Lines [J]. ACM Transactions on Graphics, 2014, 34

(1): 1-14.

[13] Mittal A, Moorthy A K, Bovik A C. No-Reference Image Quality Assessment in the Spatial Domain [J]. IEEE Transactions on Image Processing, 2012, 21 (12): 4695-4708.

[14] Mittal A, Soundararajan R, Bovik A C. Making a "Completely Blind" Image Quality Analyzer [J]. IEEE Signal Processing Letters, 2013, 20 (3): 209-212.

[15] Blau Y, Mechrez R, Timofte R, et al. The 2018 PIRM Challenge on Perceptual Image Super-Resolution [C]. Computer Vision - ECCV Workshops 2019. Cham: Springer International Publishing, 2019, 11133: 334-355.

[16] Liu X, Ma Y, Shi Z, et al. GridDehazeNet: Attention-Based Multi-Scale Network for Image Dehazing [C]. IEEE International Conference on Computer Vision (ICCV), 2019: 7313-7322.

第8章 基于半监督的知识蒸馏图像去雾算法

8.1 引　　言

本书第 7 章介绍了一种基于在线知识蒸馏的图像去雾算法，该算法采用在线知识蒸馏方式，在不依赖预训练教师模型的前提下，通过学生网络之间的相互学习构建了一个优异的教师网络，从而实现了教师网络和学生网络的联合优化。该算法可有效结合基于模型图像去雾算法和端到端图像去雾算法的优势，提高图像去雾模型的鲁棒性和泛化能力。然而实验结果表明，尽管该算法的泛化能力得到一定提升，但该算法仅在合成有雾数据集上进行训练，其性能受训练数据集的影响较大，导致该算法应用于真实场景雾浓度较大的图像时，其去雾能力仍略显不足。

现有研究表明，有监督的图像去雾算法可较好地处理合成有雾图像，但往往由于强调模型的拟合能力而忽视了其泛化能力，使得此类算法无法对真实有雾图像进行有效处理；而无监督的图像去雾算法[1]虽能够缓解这种过拟合，并提高算法的鲁棒性使其更广泛应用于多种场景，但其效率却低于采用标记训练数据集的有监督方式；相比之下，半监督学习可以结合监督学习和无监督学习的优点。通过使用标记和未标记数据，半监督学习可以提高许多机器学习项目的准确性、成本和时间节省。半监督学习利用标记和未标记数据来生成一个模型，该模型通常比以标准监督方式训练的模型更强大，这些算法通常基于伪标签和/或一致性正则化。半监督学习将监督学习和非监督学习的过拟合和"不拟合"倾向结合起来，在给出最小数量的标记数据和大量的未标记数据的情况下，可以出色地执行分类任务。除了分类任务以外，半监督算法还有许多其他用途，如增强聚类和异常检测等。例如：针对语义分割领域，Mittal 等[2]不仅从有限的像素级标记样本中进行监督学习，同时利用额外的无标注图像进行无监督学习；针对目标检测领域数据标注成本较高问题，Jeong 等[3]提出了一种基于插值的目标检测半监督学习算法，该算法将模型的输出分为两类，从而大大提高了半监督学习算法和监督学习算法的性能。

第8章 基于半监督的知识蒸馏图像去雾算法

半监督学习[4]按照学习方式又可分为纯（pure）半监督学习与直推学习（transductive learning），其中直推学习（transductive learning）[5,6]实际上属于另一个更大的概念，它和归纳学习[7-9]（inductive learning）属于两种相对观念。归纳学习强调的是从大量的样本中学习到潜在规律，然后去预测未知样本，基于"开放世界"的假设，即模型进行学习的时候不知道未来要预测的示例是什么，日常所常见的逻辑回归等都是基于这样的"开放世界"假设。相比较而言，直推学习（transductive learning）则是基于"封闭世界"的假设，模型在学习的过程中已经知道未来要预测的示例是什么样的。

从基于两种学习方式算法的使用层面来说：直推式半监督中只包含有标签样本集和测试样本集，且测试样本也是无标签样本，该算法先将测试样本视为无标签样本，然后利用有标签样本和无标签样本训练模型，并在训练过程中预测无标签样本，因此直推式半监督算法只能处理当前的无标签样本（测试样本），不能直接进行样本外的扩展，对于新的测试样本，直推式半监督算法需要重新训练模型才能预测其标签；归纳式半监督算法除了使用有标签样本集和无标签样本集外，还使用独立的测试样本集，该算法能够处理整个样本空间中的样本，归纳式半监督算法在有标签样本和无标签样本上训练学习模型，该模型不仅可以预测训练无标签样本的标签，还能直接预测新测试样本的标签。典型半监督学习算法结构如图8-1所示。

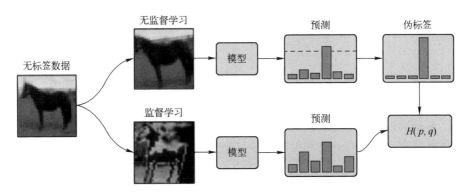

图8-1 典型半监督学习算法结构示意图

基于上述分析，目前部分研究者提出采用半监督方式实现图像去雾。例如：Shao 等[10]提出了一种域自适应的图像去雾算法，该算法首先通过构建一个双向翻译网络实现合成有雾图像域和真实有雾图像域的双向翻译，从而使合成有雾图像上雾的分布更加接近真实有雾图像，同时使真实有雾图像能够部分学习合成有雾图像的特征，然后该算法分别对翻译后的图像进行去雾训练，从而使训练后的模型能充分利用非配对真实有雾图像的信息，进而提高算法的去雾能力，但该算法存在模型结构复杂、去雾能力不足的问题；Li 等[11]提出采用半监督方式在合成和真实有雾数据集上同时训练网络，该算法在一定程度上改善了图像的去雾效果，但仍然无法对雾浓度较大的真实有雾图像进行有效处理。

为解决上述问题，本章提出了一种基于半监督的知识蒸馏图像去雾算法 SSKDN。该算法构建了一个监督学习分支和一个无监督学习分支，上述两个分支均由 4 个注意力引导的特征提取块组成，且监督学习分支和无监督学习分支分别在合成有雾图像、真实有雾图像中进行训练，并共享两个分支的参数权重，从而采用半监督学习方式，在标记的合成有雾数据集和未标记的真实有雾数据集上同时训练网络，提高算法在真实场景中的图像去雾效果。此外，算法还采用暗通道先验知识引导网络训练，同时采用离线知识蒸馏方式，利用一个预训练 RefineDNet[12]算法生成的去雾图像作为伪标签指导网络的训练，从而有效结合了基于模型图像去雾算法和端到端图像去雾算法的优势。

8.2 基于半监督的知识蒸馏图像去雾网络

本章所提基于半监督的知识蒸馏图像去雾网络结构示意如图 8-2 所示，总体可分为监督学习分支和无监督学习分支两部分。

8.2.1 监督学习分支

在监督学习分支中，本章构建了一个由 4 个注意力引导特征提取块 AGFEB 组成的深度神经网络，以有效提取多尺度特征，该特征提取块与第 6 章中所使用的注意引导特征提取块完全相同。在此基础上，本章使用标记的合成有雾数据集 $\{I_S, J_S\}^{N_l}$ 训练监督学习分支网络，其中 N_l 代表标记的训练图像数量，I_S 和 J_S 分别代表合成的有雾图像和相应的无雾图像。

第8章 基于半监督的知识蒸馏图像去雾算法

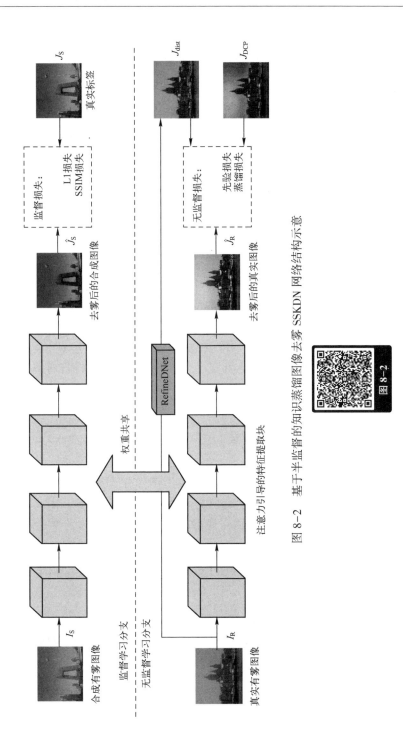

图 8-2 基于半监督的知识蒸馏图像去雾 SSKDN 网络结构示意

在训练过程中，本章算法通过最小化去雾图像 $\hat{J}_S$ 和无雾图像 J_S 之间的 L1 损失和结构相似度 SSIM 损失，以获得监督学习分支的去雾结果 $\hat{J}_S$，如下式所示：

$$L_1 = \|J_S - \hat{J}_S\|_1 \quad (8\text{-}1)$$

$$L_{SSIM} = \text{SSIM}(J_S, \hat{J}_S) \quad (8\text{-}2)$$

8.2.2 无监督学习分支

在无监督学习分支中，同样首先使用 4 个注意力引导特征提取块 AGFEB 组成的深度神经网络提取多尺度特征，然后使用无标记的真实有雾数据集 $\{I_R\}_i^{N_u}$ 训练无监督学习分支网络，其中 N_u 代表无标记的真实有雾图像数量，I_R 代表真实场景的有雾图像。

在训练过程中，从有雾输入图像 I_R 中生成相应的去雾图像 $\hat{J}_R$，并采用先验损失和蒸馏损失对无监督学习分支进行优化。

1. 先验损失

本章算法采用暗通道先验损失作为损失函数中的一项来引导神经网络的训练，从而使训练后的模型更加适应真实场景。具体地，本章将暗通道先验去雾算法生成的去雾图像 J_{DCP} 作为伪标签，并将其与无监督学习分支的输出 $\hat{J}_R$ 之间加入 L1 损失，如下式所示：

$$L_{pri} = \|J_{DCP} - \hat{J}_R\|_1 \quad (8\text{-}3)$$

2. 蒸馏损失

鉴于 RefineDNet 算法有效结合了基于模型图像去雾算法和端到端图像去雾算法的优点，在真实场景中能生成视觉效果较好的去雾图像，因此本章算法通过知识蒸馏的方式，将 RefineDNet 模型中蕴含的知识迁移到本章所提无监督学习分支网络中。具体来说，本章算法在无监督学习分支的输出 $\hat{J}_R$ 和 RefineDNet 算法的去雾图像 J_{dist} 之间增加 L1 损失，并将其作为蒸馏损失，如下式所示：

$$L_{dist} = \|J_{dist} - \hat{J}_R\|_1 \quad (8\text{-}4)$$

需要指出的是，上文所述有监督学习分支和无监督学习分支的训练是同时进行的，并且二者权重共享，从而实现半监督学习。

8.2.3 半监督学习训练

在本章所提算法中，监督学习分支和无监督学习分支对网络模型结构和参

第8章 基于半监督的知识蒸馏图像去雾算法

数权重进行共享,因此在训练过程中,算法需要对监督学习和无监督学习分支网络中的参数权重进行同步更新。具体实施细节为:首先从标记的合成有雾数据集$\{I_S, J_S\}_i^{N_l}$中随机选择一批训练样本,然后通过监督损失函数(包括L1损失和结构相似度SSIM损失)计算去雾图像和无雾图像之间的差别;然后从无标记的真实有雾数据集$\{I_R\}_i^{N_u}$中随机选择一批训练样本,并通过无监督损失函数(包括先验损失和蒸馏损失)计算相应的差别;最后通过监督学习损失和无监督学习损失反向传播并更新相应分支地学习参数,从而实现监督学习。算法的具体实施细节如表8-1所示。

表8-1 本章算法具体实施细节

基于半监督的知识蒸馏图像去雾算法
训练阶段:
Input:标记的合成有雾数据集$\{I_S, J_S\}_i^{N_l}$,无标记的真实有雾数据集$\{I_R\}_i^{N_u}$,SSKDN
Output:训练后的SSKDN
Step 1:开始训练
Step 2:开始循环
Step 3:随机选择合成有雾/无雾图像←$\{I_S, J_S\}_i^{N_l}$
Step 4:随机选择真实有雾图像←$\{I_R\}_i^{N_u}$
Step 5:得到去雾图像$\hat{J}_S$←监督学习分支(I_S)
Step 6:得到去雾图像$\hat{J}_R$←无监督学习分支(I_R)
Step 7:得到去雾图像J_{DCP}←暗通道先验去雾算法(I_R)
Step 8:得到去雾图像J_{dist}←RefineDNet算法(I_R)
Step 9:计算L1损失L_1←式(8-1)(J_S, $\hat{J}_S$)
Step 10:计算结构相似度SSIM损失L_{SSIM}←式(8-2)(J_S, $\hat{J}_S$)
Step 11:计算先验损失L_{pri}←式(8-3)(J_{DCP}, $\hat{J}_R$)
Step 12:计算先验损失L_{dist}←式(8-4)(J_{DCP}, $\hat{J}_R$)
Step 13:反向传播→监督学习分支($L_1 + L_{SSIM}$)
Step 14:反向传播→无监督学习分支($L_{pri} + L_{dist}$)
Step 15:重复上述步骤直至循环结束
测试阶段:
Input:输入的真实有雾图像,训练好的SSKDN
Output:去雾图像

8.3 损失函数设计

如上节所述,本章算法分别使用监督损失和无监督损失训练相应的分支,其中监督损失由像素级 L1 损失和特征级结构相似度 SSIM 损失组成,而无监督损失则由暗通道先验损失和蒸馏损失组成,因此本章所提基于半监督的知识蒸馏图像去雾算法总的损失函数可表示为

$$L_{\text{loss}} = L_1 + L_{\text{SSIM}} + L_{\text{pri}} + L_{\text{dist}} \tag{8-5}$$

8.4 实验设置与结果分析

8.4.1 实验设置

为验证本章所提算法的有效性,选取 ITS 室内有雾数据集[13]中的 2093 对合成有雾图像及其相应的无雾图像作为有标记合成有雾数据集,选取 URHI 数据集[10]中的 2903 张真实有雾图像作为无标记的真实有雾数据集,算法同时在上述有标记合成有雾数据集和无标记真实有雾数据集上训练 30 个回合。

8.4.2 结果分析

1. 合成有雾图像实验结果

在 D-HAZY 数据集上将所提算法与 SSID[11]、EPDN[14]、FFA[15]、PSD[16]和 RefineDNet[12]等图像去雾算法进行比较,实验结果如图 8-3 所示。从实验结果可以看出:PSD 算法使用多种先验信息引导端到端图像去雾网络的训练过程,并通过对网络进行再次训练以增强其泛化能力,从而能够较好地恢复去雾图像的对比度,但由于该算法仅仅使用先验信息对训练好的网络进行简单引导,导致过分增强了去雾图像的亮度和对比度。相比之下,端到端的图像去雾算法通过一个端到端的神经网络直接生成去雾图像,可以有效缓解由于使用大气散射模型而造成的颜色退化等问题,使生成的去雾图像看起来更加真实,但由于该类算法通常通过增加网络的尺度或深度来增强去雾效果,容易产生过拟合;此外,该类算法由于缺乏真实有雾图像信息的引导,其去雾能力有限。例如:FFA 算法通过构建一个端到端的特征融合注意力网络实现图像去雾,其生成的去雾图像颜色保真度较好,但由于该算法的泛化能力较低,容易导致图像出现明显的雾霾残留;EPDN 算法将图像去雾视作一个像素级的图像翻译任

务，该算法的图像去雾效果较为明显，但该算法同样会导致去雾后的图像亮度降低，并在天空区域造成了一定程度的颜色失真；SSID 算法采用半监督的方式实现图像去雾，其主要采用暗通道先验损失和全变分损失作为无监督损失，该算法虽对真实图像的去雾效果有一定提高，但由于对未标记真实有雾数据集的利用不够充分，导致算法在去雾后图像的部分区域产生残留雾霾，从而使图像视觉效果变差；RefineDNet 算法采用弱监督的方式有效结合基于模型图像去雾算法和端到端图像去雾算法的优点，该算法会使生成的去雾图像颜色发生改变，导致图像的对比度和视觉效果满意度降低。

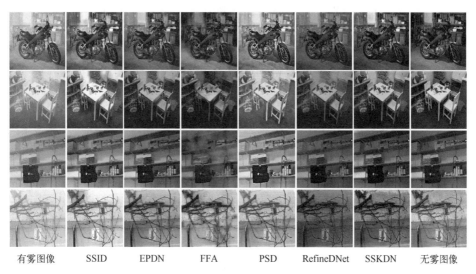

有雾图像　　SSID　　EPDN　　FFA　　PSD　　RefineDNet　　SSKDN　　无雾图像

图 8-3　SSKDN 算法与对比算法在 D-HAZY 数据集中的实验对比结果

图 8-3

与上述对比方法相比，本章所提基于半监督的知识蒸馏图像去雾算法 SSKDN 能够充分利用真实有雾图像的信息，并生成颜色保真度好、纹理细节清晰的去雾图像。

为进一步评估所提算法 SSKDN 的性能，本节使用峰值信噪比 PSNR 和结构相似度 SSIM 对所提算法进行定量比较，实验结果如表 8-2 所示。从实验结果可以看出，端到端的图像去雾算法能够取得较好的图像去雾结果。例如：EPDN 算法所取得的峰值信噪比和结构相似度分别为 22.92dB 和 0.912，该结果表明生成对抗网络的对抗学习对于模型拟合能力具有很大的提升作用,能够大幅改善算法的去雾效果;FFA算法通过增加网络的深度以及采用特征融合方式改善算法的去雾能力,但由于该算法的泛化能力不足,其图像去雾结果较差,峰值信噪比和结构相似度仅为18.73dB和0.798;PSD和RefineDNet算法利用图像先验信息以及大气散射模型,并结合深度神经网络实现图像去雾,其去雾效果有一定提升,但仍会使去雾图像的颜色发生改变、可视性下降。相比之下,本章所提基于半监督的知识蒸馏图像去雾算法取得了最高的峰值信噪比和结构相似度指标,分别为23.86dB和0.951,且相比于同样采用半监督方式的SSID算法,本章所提算法将峰值信噪比从21.78dB提高到了23.86dB,将结构相似度从0.865提高到了0.951。

表8-2 SSKDN算法与对比算法在D-HAZY数据集中的定量对比结果

数据集	评价指标	SSID	EPDN	FFA	PSD	RefineDNet	SSKDN
D-HAZY	PSNR	21.78dB	22.92dB	18.73dB	20.45	19.76dB	**23.86dB**
	SSIM	0.865	0.912	0.798	0.812	0.924	**0.951**

2. 真实有雾图像实验结果

为进一步评估本章算法应用于真实场景时的图像去雾效果,本节选取2021年10月西安地区大雾时的真实有雾图像进行实验验证,结果如图8-4所示。从实验结果可以看出:端到端的图像去雾算法FFA和EPDN利用深度神经网络直接生成去雾图像,但由于FFA算法的泛化能力较差,导致难以处理真实的有雾图像,几乎没有去雾效果;EPDN算法则会引起局部光照的变化,导致生成的去雾图像变暗;PSD算法通过使用先验信息来引导网络的训练,从而提升算法的泛化能力,但由于该算法仅使用先验信息进行简单组合,导致过度增强了去雾图像的颜色和对比度;RefineDNet算法通过引入暗通道先验信息并同时嵌入大气散射模型来提高算法的泛化能力,从而提高了去雾图像的对比度和真实性,但相比于其他方法,RefineDNet算法会使图像的部分区域亮度变低。

相比于上述对比算法,本章所提基于半监督的知识蒸馏图像去雾算法采用半监督的方式对网络进行训练,可有效利用真实场景有雾图像的信息提高算法的泛化能力。此外,该算法还同时结合了基于模型图像去雾算法和端到端图像去雾算法的优点,因此对于雾浓度较大的真实有雾图像也具有较好的图像去雾效果。

3. 消融实验

为验证所提算法各部分的有效性,本节进行了消融实验的设计并构造了以

第 8 章 基于半监督的知识蒸馏图像去雾算法

下变体：变体 A，本章所提算法未采用监督学习；变体 B，本章所提算法未采用无监督学习；变体 C，本章所提算法未采用知识蒸馏；变体 D，本章所提算法。将上述变体在训练数据集上进行 30 个回合的训练，并在 D-HAZY 数据集上进行测试以评估这些变体的性能，实验结果如表 8-3 所示。从实验结果可以看出：本章所提基于半监督的知识蒸馏图像去雾算法优于监督学习方法和无监督学习方法；此外，在网络训练中，应用知识蒸馏结合基于模型方法和无模型方法的优点，能够有效改善去雾效果，并提高算法在真实场景中的去雾能力。

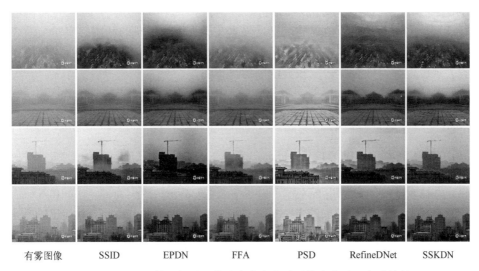

| 有雾图像 | SSID | EPDN | FFA | PSD | RefineDNet | SSKDN |

图 8-4　SSKDN 算法与对比算法在真实有雾图像中的对比实验结果

图 8-4

表 8-3　SSKDN 算法在 D-HAZY 数据集中的消融实验结果

	评价指标	变体 A	变体 B	变体 C	变体 D
D-HAZY	PSNR	19.24dB	21.46dB	22.52dB	**23.86dB**
	SSIM	0.756	0.846	0.856	**0.951**

8.5 本章小结

针对目前图像去雾算法采用有监督方式进行训练，致使其在真实场景的去雾能力不足等问题，本章提出了一种基于半监督的知识蒸馏图像去雾算法。该算法通过参数共享的监督学习分支网络和无监督学习分支网络实现半监督学习，且监督学习分支、无监督学习分支分别在标记的合成有雾数据集和未标记的真实有雾数据集上进行训练。此外，为进一步提升图像去雾效果，算法在无监督学习分支训练中，采用知识蒸馏方式将 RefineDNet 模型中蕴含的知识进行迁移，同时引入暗通道先验信息增强真实有雾图像信息的利用。实验结果表明，本章所提基于半监督的知识蒸馏图像去雾算法在真实场景中也有优异的去雾表现，能够有效对雾浓度较大的图像进行去雾。

参 考 文 献

[1] Golts A, Freedman D, Elad M. Unsupervised Single Image Dehazing Using Dark Channel Prior Loss [J]. IEEE Transactions on Image Processing, 2020, 29: 2692-2701.

[2] Mittal S, Tatarchenko M, Brox T. Semi-Supervised Semantic Segmentation With High- and Low-Level Consistency [J]. IEEE Transactions on Pattern Analysis and Machine Intelligence, 2021, 43 (4): 1369-1379.

[3] Jeong J, Verma V, Hyun M, et al. Interpolation-based Semi-supervised Learning for Object Detection [C]. IEEE Conference on Computer Vision and Pattern Recognition (CVPR), 2021: 11597-11606.

[4] 李永国, 徐彩银, 汤璇, 等. 半监督学习方法研究综述 [J]. 世界科技研究与发展, 2023, 45 (1): 26-40.

[5] Xiao F, Pang L, Lan Y, et al. Transductive Learning for Unsupervised Text Style Transfer [C]. Conference on Empirical Methods in Natural Language Processing, 2021: 2510-2521.

[6] Liu Y, Lee J, Park M, et al. Learning to Propagate Labels: Transductive Propagation Network for Few-shot Learning [J]. arXiv, 2019.

[7] 徐凯, 李国荣, 洪德祥, 等. 结合在线归纳和直推推理的快速视频目标分割方法 [J]. 计算机学报, 2022, 45 (10): 2117-2132.

[8] 谢京生. 归纳网络表示学习方法研究 [D]. 合肥: 安徽大学, 2022.

[9] 姜志彬, 潘兴广, 周洁, 等. 基于 DLSR 的归纳式迁移学习 [J]. 控制与决策, 2021, 36 (12): 2982-2990.

[10] Shao Y, Li L, Ren W, et al. Domain Adaptation for Image Dehazing [C]. IEEE Conference on Computer Vision and Pattern Recognition (CVPR), 2020: 2805-2814.

[11] Li L, Dong Y, Ren W, et al. Semi-Supervised Image Dehazing [J]. IEEE Transactions on Image Processing, 2020, 29: 2766-2779.

[12] Zhao S, Zhang L, Shen Y, et al. RefineDNet: A Weakly Supervised Refinement Framework for Single Image Dehazing [J]. IEEE Transactions on Image Processing, 2021, 30: 3391-3404.

[13] Li B, Ren W, Fu D, et al. Benchmarking Single-Image Dehazing and Beyond [J]. IEEE Transactions on Image Processing, 2019, 28 (1): 492-505.

[14] Qu Y, Chen Y, Huang J, et al. Enhanced Pix2pix Dehazing Network [C]. IEEE Conference on Computer Vision and Pattern Recognition (CVPR), 2019: 8152-8160.

[15] Qin X, Wang Z, Bai Y, et al. FFA-Net: Feature Fusion Attention Network for Single Image Dehazing [J]. AAAI Conference on Artificial Intelligence, 2020, 34 (7): 11908-11915.

[16] Chen Z, Wang Y, Yang Y, et al. PSD: Principled Synthetic-to-Real Dehazing Guided by Physical Priors [C]. IEEE Conference on Computer Vision and Pattern Recognition (CVPR), 2021: 7176-7185.